Divulgación Científica

Quinto Volumen del Décimo Libro de la Serie

365 Selecciones.com

Pedro Daniel Corrado

Este quinto tomo pertenece al Décimo Libro de la Colección 365Selecciones.com, en donde tratamos temas relacionados con la Divulgación Científica. Los primeros nueve libros de la misma son los 365 Cuentos Infantiles y Juveniles, Poesías Clásicas y Libros Célebres, disponibles en el mismo sitio de internet.

En este tomo nos concentramos en todas las preguntas relacionadas con el Cosmos, las Galaxias, Estrellas y Planetas. Este es seguramente uno de los más apasionantes tomos de la serie de Divulgación Científica, ya que abordaremos temas de candente actualidad como el origen del Universo y su evolución, los conceptos de espacio - tiempo y de masa – energía, y que resulta un desafío didáctico explicarlo de una manera sencilla para todos los públicos.

No obstante, estoy convencido que la antigua colección de Walter Montgomery Jackson lo logró, aunque mucho del material se encuentra completamente actualizado con los nuevos conocimientos. Necesitamos animarnos a preguntar, ya que ésta fué la única manera de lograr adquirir conocimientos sólidos, y llegar a tener un pensamiento autónomo y capacidad de sana crítica.

La lectura como permanente ejercicio ayuda a disciplinar nuestro intelecto y nuestro espíritu, dotándolos de gran precisión para expresar nuestras propias ideas, y fortalecer de esta manera nuestra independencia de criterio.

Muchas de las ilustraciones son únicas y de gran valor artístico.

Los otros libros de la Colección incluyen Cuentos Sagrados; Cuentos de la Naturaleza; Cuentos de Reyes y Reinas, Princesas y Príncipes; Cuentos Variados; Cuentos de Hadas, Duendes y Gnomos, Cuentos Heroicos, Poemas Clásicos y Libros Célebres. También estaremos publicando libros de Arte.

Estoy convencido de que toda la colección será un verdadero Tesoro que sus hijos agradecerán toda su vida.

También será un regalo para Usted mismo, ya que le permitirá completar su formación profesional, ya que quedará sorprendido por varios de los tomos científicos que publicaremos, por su exposición didáctica y original, abierto a todos los públicos.

Copyright © 2016 Pedro Daniel Corrado

All rights reserved.

ISBN-13: 978-1536814736 / ISBN-10: 1536814733

EDITORIAL HIGHWAY ES PROPIEDAD DE PATH SOCIEDAD ANÓNIMA ARGENTINA

Editorial HIGHWAY es un emprendimiento de PATH Sociedad Anónima, Argentina. Nos ocupamos de editar y difundir contenido Cultural, Educativo, Científico y Tecnológico de gran calidad pedagógica que forma la base del aprendizaje de toda persona que quiera cultivarse, al mismo tiempo que se entretiene.

Estamos interesados en editar todo tipo de material que profese una alta calidad espiritual e intelectual, que ayude a la niñez y a la juventud, así como a las personas adultas y mayores, en la permanente formación de valores cristianos, y que impulse el espíritu de independencia de criterio y solidez interpretativa, fomentando al mismo tiempo la educación continua.

Estaremos gustosos de recibir sus correos, así que no dude en escribirnos.

Vea todas las Novedades en nuestro sitio www.365selecciones.com

Correo Electrónico: info@365selecciones.com

PATH SOCIEDAD ANONIMA DE ARGENTINA

Clave Fiscal: 30-64999935-6

HIGHWAY es marca registrada de PATH Sociedad Anónima Nº 1.789.936 para la Clase 38

CONTENIDO

EL COSMOS – Pag. 2

LA NATURALEZA DE LA LUZ – Pag. 12

LOS ESPACIOS INTERESTELARES Y LA NATURALEZA DEL ESPACIO - TIEMPO – Pag. 24

LAS GALAXIAS – Pag. 34

LAS ESTRELLAS – Pag.37

LOS PLANETAS – Pag. 53

DEDICACION

Deseo dedicar toda esta obra a mi madre Alcira Sorani, quien siempre fue mi sostén en todo momento, y a todos los docentes que me formaron desde mi niñez. Deseo dedicarla también a los Sagrados Corazones de Jesús y la Virgen María, a San Alberto Magno, Santo Tomás de Aquino, San Ignacio de Loyola, y a todos los mártires cristianos.

RECONOCIMIENTOS

Deseo las mayores bendiciones espirituales y materiales para todos mis maestros, profesores, amigos y bienhechores. Un especial recuerdo para el Dr. Luis Enrique Smidt, quien me ayudó y guió en mis comienzos como profesional independiente, así como a la Dra. Viviana Andrea Lerchundi y la Dra. Estela Marta Coria. A mi querida hermana Graciela Alcira y Carlos Martín Erwin Neumann, ambos amigos y socios. Un especial reconocimiento para Walter Montgomery Jackson a quien solo conocí a través de múltiples lecturas que formaron la base de muchos de mis conocimientos.

Divulgación Científica

EL COSMOS

¿QUÉ ES EL COSMOS?

Esta palabra proviene del griego y significa "orden", contrario a la palabra "caos". Los griegos ya sabían por observaciones visuales cuidadosas, que las estrellas y las constelaciones seguían un patrón definido, y que todo indicaba que el Universo tenía un principio de orden subyacente, con centro en las ciencias matemáticas, que ellos cultivaron con esmero por medio de los científicos Pitágoras y Arquímedes. Ellos llegaron a descubrir, por ejemplo, que la Tierra no era plana, y hasta les pusieron nombre a nombres a muchas de las constelaciones.

Los egipcios y los árabes posteriormente perfeccionaron esos conocimientos, que luego fueron legados a Europa a través del Imperio Bizantino. Muchos de estos conocimientos sirvieron para la agricultura y la navegación oceánica. Tuvimos a lo largo de la historia humana muchas mentes y espíritus brillantes, en su mayoría científicos anónimos.

¿CÓMO SE ORIGINÓ EL COSMOS?

Esta pregunta careció de respuesta convincente hasta principios del siglo XX. Esta explicación consta de tres partes, y aquí expondremos la primera.

En 1929 Edwin Hubble, se dió cuenta que el espectro electromagnético de la luz visible de las estrellas tenía un corrimiento al rojo. Trataremos de ser breves sin perder rigurosidad en la explicación.

La única manera concreta que tenemos de conocer el Universo es través de la luz que nos llega de las estrellas. Esta luz es blanca, tal como nos llega desde el sol. Si la vemos amarilla es simplemente porque la atmósfera que nos rodea desvía parte de su espectro.

La luz blanca se compone de muchos colores, tal como podemos demostrarlo colocando un prisma entre el origen de la luz y una pantalla. El físico y matemático Sir Isaac Newton fué el primero en descubrirlo en el siglo XVII. Cada color tiene una frecuencia electromagnética concreta, siendo la más baja el rojo y la más alta el violeta.

Ahora bien, cada elemento químico de la Tabla Periódica, deja una huella específica en la luz que emanan cuando los calentamos hasta hacerlos incandescentes, tal como ocurre en las estrellas. Éstas, las estrellas, se componen principalmente de Hidrógeno y Helio, y sabemos que tienen una huella específica en el espectro electromagnético de la luz que proviene de cada estrella. Es como una huella dactilar de nuestras manos, mediante patrones específicos de rayas verticales. A partir de experimentos de laboratorios tenemos en claro los patrones de rayas de cada elemento de la Tabla Periódica de elementos, y por eso podemos saber de qué están compuestas las estrellas.

Lo que observó Edwin Hubble es que estas huellas electromagnéticas se corrían hacia el rojo cuando más lejos estaban de nosotros. Conservaban intacta las posiciones de las rayas entre sí, pero estaban corridas todas ellas hacia las frecuencias más bajas.

En la imagen de abajo se puede entender con más claridad los párrafos precedentes. Hacia la derecha es el Rojo – frecuencias más bajas – y hacia la izquierda el violeta – frecuencias más altas.

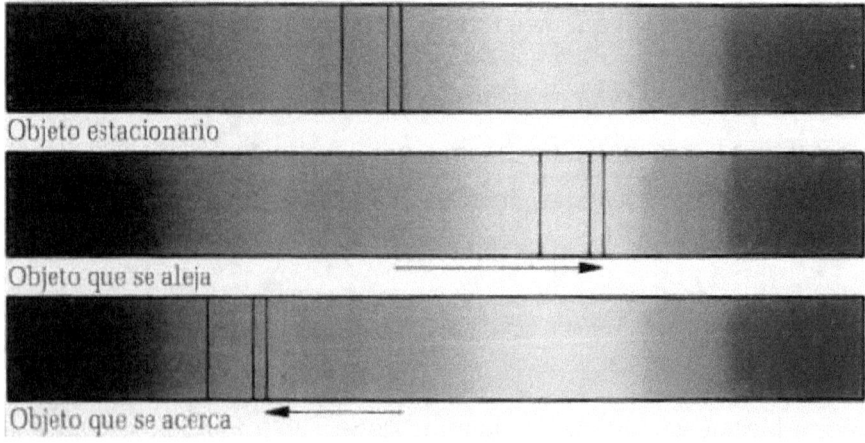

En la primera parte vemos un patrón de rayas electromagnéticas del elemento incandescente que se encuentra estacionario respecto a nuestra posición; por ejemplo en un laboratorio. En la segunda gráfica el mismo elemento con sus rayas desplazadas al rojo, ya que la fuente desde donde se está consumiendo se aleja de nuestra posición; y en la tercera imagen corrida al violeta porque se está acercando. ¿Por qué decimos acercándose o alejándose, cómo lo sabemos?. Ahí viene la segunda parte de nuestra respuesta. El efecto Doppler.

¿QUÉ ES EL EFECTO DOPPLER?

Todos hemos escuchado alguna vez la sirena de los bomberos o de la policía o de una ambulancia. Sabemos que cuando se acerca el móvil sentimos una molestia insoportable, ya que llega a nuestros oídos una señal sonora de gran energía, de tono agudo. Ese tono indica que las ondas sonoras como un oleaje del mar, llegan masivamente golpeando una y otra vez nuestros tímpanos. Es decir la frecuencia es muy alta. En cambio cuando se aleja el móvil sentimos alivio, porque las ondas se alejan de nosotros, y llegan a menor frecuencia, de tono grave. Esto fué bautizado "Efecto Doppler", en homenaje al matemático y físico austríaco Christian Andrea Doppler (1803-1853) que fué el primero que lo estudió.

Sabemos que la luz tiene una naturaleza ondulatoria como el sonido. En consecuencia se le aplica de la misma forma este importante concepto del Efecto Doppler. Si las rayas electromagnéticas se encuentran corridas al rojo, significa que su fuente de emisión, las estrellas se están alejando. Lo curioso que encontró Edwin Hobble es que todas las estrellas lejanas se están alejando de nosotros, y cuanto más lejos se encuentren más rápido se alejan. Y aquí entramos en la tercera y última parte de nuestra respuesta: la teoría del Big Bang.

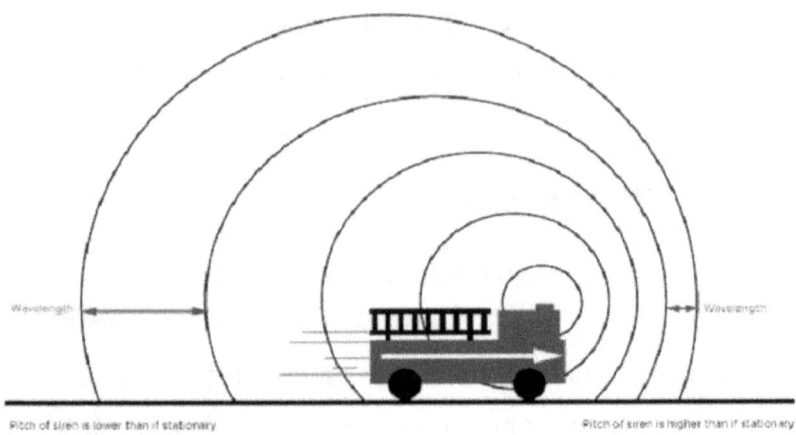

¿QUÉ ES LA TEORÍA DEL BIG BANG?

Cuando Edwin Hobble la enunció por primera vez, a principios del siglo XX, desató un terremoto en todo el mundo científico. Se dió comienzo a un acaloradísimo debate, similar en su intensidad a la discusión de si la Tierra era plana o redonda, y si giraba o no en torno al Sol. La única diferencia es que este científico no fué ni censurado ni encarcelado. Pasaron muchas décadas y muchísimas observaciones para terminar de confirmarla. Él enunció esta teoría basándose en las dos anteriores explicaciones que dimos, y formulando que si todos los espectros electromagnéticos de las estrellas se encuentran corridos al rojo, significa que hubo, en el comienzo del cosmos, una gran explosión inicial a la que denominó "Big Bang", y que luego de casi 15.000 millones de años, las estrellas se alejan de nosotros a gran velocidad, y tanto más rápido lo hacen cuanto más alejadas estén.

¿Por qué?. La explicación de Hubble vuelve a ser brillante por su sencillez, como con el efecto Doppler. Porque si suponemos que el Universo es un inmenso globo en expansión, tenemos que cada punto del mismo, se aleja con mayor rapidez cuanto más lejos se encuentre de los demás puntos del globo.

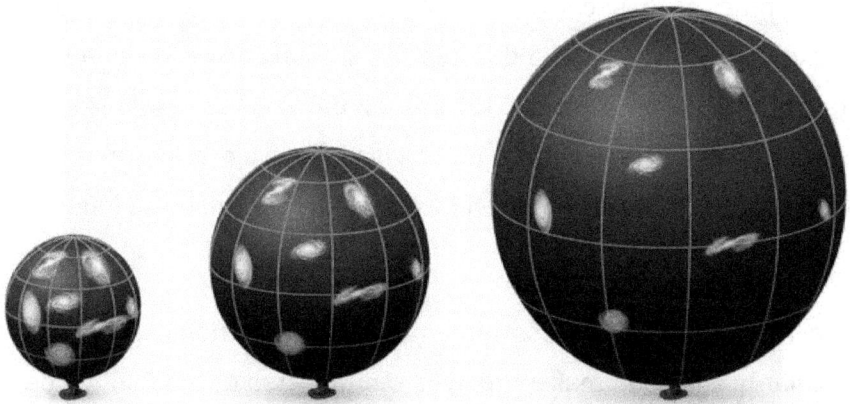

En resumen sabemos que existió un comienzo del Universo, que se originó en un punto específico del mapa cósmico, y que su estallido colosal de energía incalculable – aunque no infinita – dió comienzo a las galaxias y las estrellas.

Esta teoría se vió confirmada adicionalmente varias décadas después detectando el "murmullo" de las galaxias, denominada "Radiación de Fondo de Microondas Estelar". La distribución de este murmullo galáctico prueba la existencia del Big Bang.

¿ES POSIBLE QUE SE REVIERTA EL "BIG BANG" CONVIRTIÉNDOSE EN UN "BIG CRUNCH"?

No podemos afirmarlo, aunque el que suscribe lo cree firmemente, es decir que el Universo es oscilante, aunque esta explicación, llevaría a reescribir la Termodinámica, en particular el segundo postulado, el del aumento de la Entropía, durante la fase contractiva. Los científicos no están seguros en lo tocante al Big Crunch.

Para determinar si el Universo se contraerá en algún momento, tenemos que evaluar la existencia de una masa crítica total del Universo por un lado, y el nivel de energía de expansión por el otro.

En el primer caso, si calculamos con cuidado todas las masas de las galaxias visibles, nos daría que esa masa total carecería de la fuerza gravitatoria suficiente para revertir el proceso de expansión. Sin embargo se sabe que existe una masa no visible a los telescopios ópticos, y por eso se inventaron recientemente telescopios infrarrojos y ultravioletas.

Esta materia los científicos la llaman materia bariónica. Se llegó a calcular que toda la masa bariónica del Universo es sólo un 4% de la masa total. Es decir es claramente inferior a la masa crítica necesaria para asegurar una contracción.

¿QUÉ ES LA MASA OSCURA?

Hay además otro tipo de masa denominada "Masa Oscura" diferente a la masa bariónica que conforma los elementos de la Tabla Periódica, de las masas de las estrellas, cúmulos y galaxias. Esta masa oscura, es similar a la bariónica, pero no puede ser aún detectada por los más modernos telescopios actuales. Sabemos que existe, porque observamos cambios sutiles en la trayectoria de las galaxias visibles que únicamente se puede explicar por la presencia de esta masa oscura.

No la llaman "masa bariónica no visible" porque los científicos no están seguros de si van a tener los elementos que la constituyen similar característica a la que forma la Tabla Periódica, ya que puede esta masa oscura contener uno o más elementos nuevos.

Hay sospechas fundadas de que esta materia oscura no emite radiación electromagnética detectable por nuestros telescopios ópticos, infrarrojos y de ultravioleta, no porque no hayamos alcanzado un grado de precisión y potencia en ellos, sino porque su conformación es muy distinta a la masa bariónica.

Por ejemplo se especula que se halla compuesta por neutrinos ordinarios y pesados, partículas elementales recientemente postuladas como los WIMPs y los axiones, cuerpos astronómicos como las estrellas enanas, los planetas llamados MACHO, y las nubes de gases no luminosos. Las pruebas actuales favorecen los modelos en que el componente primario de la materia oscura son las nuevas partículas elementales llamadas colectivamente materia oscura no bariónica.

Se calcula que esta "materia oscura" se lleva un 23% adicional de la masa total. Tenemos entonces 4% de Masa Bariónica y 23% de Masa Oscura, lo que nos da un 27% de Masa Total. Sin embargo, parte de la masa oscura tendría efectos expansivos o de repulsión, y no contractivos por efecto de la gravitación como la masa bariónica.

¿QUÉ ES LA ENERGÍA OSCURA?

El otro 73% de la masa total del Universo la compone la energía oscura. Hablamos de masa o energía, pero ambas son equivalentes. Hablar de masa es hablar de energía y viseversa. Esto fué demostrado por el brillante científico del siglo XX Albert Einstein, quien en 1910 postuló su teoría de la Relatividad Restringida. Esta es la segunda parte de la incógnita para saber si el Universo se contraerá o expandirá indefinidamente.

La masa bariónica, y una parte de la masa oscura, tienen un factor o presión cósmica positiva es decir efecto contractivo, como la Tierra atrae nuestros cuerpos por la fuerza gravitacional.

En cambio la energía de expansión, o también llamada energía oscura tiene una presión negativa es decir tiene un efecto expansivo como lo haría un cohete que escapa a la atracción gravitacional de la Tierra. Se la llama preferentemente energía oscura porque no sabemos el origen de esta energía. Entendemos que luego de la explosión del Big Bang debe existir una energía de expansión; sin embargo la magnitud y duración en el tiempo de la velocidad de expansión nos hace dudar de que sea sólo energía de movimiento producto de la explosión inicial.

Si nos atenemos a las proporciones antedichas, y la energía oscura obtiene un 73% de la masa-energía total del Universo, junto con parte de la materia oscura no bariónica, podemos concluir que el Universo continuará su expansión indefinidamente, llegando a desgarrar en un tiempo muy lejano las Galaxias, los sistema planetarios y nuestros propios cuerpos, ya que la energía en expansión no cesa de crecer.

Es como que la Ciencia afirma que el Universo masa-energía se destruirá a sí mismo, lo que intuitivamente parece poco entendible, si consideramos que hay una Mano Creadora de todo lo que existe.

No debemos descartar que finalmente se vaya descubriendo más masa bariónica oscura, de valor contractivo, que a la larga sea de valor superior a la masa oscura no bariónica y la Energía Oscura de carácter expansivo. Basta un valor infinitesimal de diferencia para hacer la diferencia.

El tema de la energía oscura y la masa oscura se halla en plena investigación desde finales del siglo XX.

Como podemos apreciar, cada pregunta sencilla conlleva un enorme esfuerzo de comprensión que toma muchos años, sino décadas, dilucidar.

¿QUÉ ES LA CITADA EQUIVALENCIA ENTRE MASA Y ENERGÍA?

Hemos dejado para el final esta parte esencial de las respuestas anteriores, para no complicar la exposición, pero ahora podemos ser un poco más específicos. El principio de la equivalencia Masa y Energía se halla en el corazón del funcionamiento de la vida de las estrellas, y dió origen a la Era Nuclear, y en particular a la Bomba Atómica.

Sabemos que la materia que conocemos de la Tabla Periódica, a la que los científicos llaman actualmente Bariónica, se compone de átomos y moléculas. Si sometemos a esta materia, en particular a los átomos pesados, es decir con gran número de protones y neutrones, a un proceso de desintegración por fisión, por medio de un aumento enorme de la temperatura y la presión y el bombardeo de neutrones, se van esos núcleos atómicos a desintegrar en otros átomos más ligeros.

Pero aquí viene lo interesante. Si sumamos la masa total de los átomos ligeros, nos da una diferencia infinitesimalmente inferior a la masa original. La diferencia de la masa es la energía liberada.

Esta energía fué cuantificada por Albert Einstein como $E = \&M \times C^2$, siendo E la Energía, &M la diferencia de la masa y C^2 el cuadrado de la velocidad de la luz. Nos podemos imaginar intuitivamente que estamos en presencia de una energía inmensa, lo que es efectivamente así.

LA NATURALEZA DE LA LUZ

¿QUÉ ES LA LUZ?

La luz ha sido, desde tiempo inmemorial, uno de los fenómenos físicos que más ha dado que pensar a los sabios, y que más dolores de cabeza les ha causado : ¿ qué es ?, ¿ como se mueve ?, y tantas otras interrogantes que pusieron a prueba el ingenio de los físicos durante dos mil años.

Hasta Galileo, por ejemplo, se creía que la luz se trasladaba en el espacio con velocidad infinita; este genio italiano del Renacimiento ya afirmó que no podía ser así, y que la luz debía emplear cierto tiempo en ir de un lugar a otro; desgraciadamente los procedimientos de que se disponía en aquella época no eran capaces de poner a prueba esta afirmación. Hoy sabemos, sin embargo, que este hombre genial tenia razón: la luz se mueve con cierta velocidad, aunque esa velocidad sea portentosamente grande, ¡ trescientos mil kilómetros por segundo !.

Y luego ¿qué es la luz?, ¿de qué está formada ?, ¿ es un chorro de partículas infinitesimales ?, ¿ es un movimiento ondulatorio como el sonido?. Estos interrogantes subsisten, en cierto modo, hasta hoy. En una época, Newton había afirmado que la luz estaba formada, en efecto, por partículas pequeñísimas lanzadas a gran velocidad. Esta teoría fué desechada más adelante por diversas razones; se admitió, entonces, que era un fenómeno ondulatorio. Hoy, sin embargo, se ha vuelto en parte a la teoría newtoniana, y se admite que la luz es a la vez un conjunto de partículas y de ondas.

¿PUEDE ALMACENARSE LA LUZ SOLAR?

Cuando la luz cae sobre la superficie luz cae sobre la superficie de la tierra suele transformarse en otras cosas. Su energía no se reduce nunca a la nada, no se aniquila, pero deja de utilizarse con harta frecuencia.

La ciencia y la tecnología se encuentra trabajando desde 1990 en desarrollar paneles solares para generar de manera eficiente energía eléctrica. Entre tanto, el mundo vegetal que nos rodea, la está almacenando. Si alguien nos dijese que en la hulla está almacenada la luz del sol, nos asombraría semejante afirmación; y, sin embargo, es muy cierto. La hulla se ha formado con los organismos de plantas que vivieron hace muchos siglos.

Estas plantas vivieron merced a la luz del sol, y aprovecharon la fuerza de éste para formar sus raíces, troncos, tallo y frondas. Esta fuerza subsiste todavía en la hulla, como se ve cuando arde. La luz del fuego es luz solar, que ha estado almacenada largo tiempo en la tierra. Todo el que planta un árbol, prepara un almacenaje de luz solar.

Algún día, cuando la verdadera cultura general sea un hecho, no desperdiciaremos tantas extensiones de tierra como hoy, sino que las emplearemos en almacenar luz solar plantándolas de árboles. Apenas hay en estos tiempos quien mire con interés estas cosas; y lo probable es que nuestros hijos no piensen muy bien de nosotros, cuando vean que apenas nos hemos cuidado de sus intereses. Por cada árbol que corte, debe plantarse otro en cualquier parte.

Las discusiones por el cambio climático y el efecto invernadero seguramente acelerarán el cambio de actitud mundial en torno al aprovechamiento de la luz solar.

¿ES PONDERABLE LA LUZ?

Durante mucho tiempo se creyó que la luz no tenía peso, o sea que era «imponderable»; pero la teoría de la relatividad, del sabio Alberto Einstein, probó que todas las formas de la energía tienen peso y, en particular, la luz.

Así, según esta curiosa doctrina, al ponernos al sol aumentamos de peso, pues nos calentamos y el calor, como forma de la energía, tiene cierto peso. Del mismo modo, un tenue rayo de luz tiene peso, aunque sea un peso inconcebiblemente pequeño.

De acuerdo con esta concepción de la física moderna no sería disparatado que una fábrica de energía eléctrica decidiera vender la electricidad o la luz por kilogramos, como si se tratara de harina o de carne.

Se podría pensar que todo ésto es cosa de teoría, o simple gusto de fantasear de los hombres de ciencia, pero no es así: los físicos no sólo han probado teóricamente que la luz tiene peso, sino que también han medido ese peso en diferentes formas.

El fenómeno del peso de la luz fué predicho por primera vez por el genial físico inglés Clerk Maxwell, mucho antes de que Einstein hubiera calculado teóricamente el valor de ese peso. En aquella época se hablaba de «presión de la luz», porque en cierto modo los físicos no concebían que la luz pudiera tener exactamente eso que llamamos peso.

La comprobación experimental del peso, o presión de la luz, ha sido hecha en varias formas por los hombres de ciencia. Delicadísimas balanzas han podido medir la presión que se ejerce con un haz de luz, y así se demostró que su peso es exactamente el que había sido primero previsto por Maxwell y luego por Einstein. De este modo, la ciencia nos brinda continuas sorpresas, y a cada momento corrige sus antiguas aseveraciones.

¿CUÁL ES EL ALCANCE DE LA LUZ?

Podemos asegurar que el relámpago se ve a muchísimos kilómetros de distancia, y para apreciarlo, basta contar los segundos que transcurren entre el momento en que vemos su luz y aquél en que oímos el estampido del trueno.

Si no fuese por la forma esférica de la tierra, veríamos los relámpagos a distancia mucho mayor de lo que efectivamente los vemos, porque llega un momento en que su luz queda interceptada por la superficie misma de la tierra.

En cuestiones como ésta, debemos recordar que la luz puede recorrer cualquiera distancia, y se propagaría hasta el infinito, si nada se opusiese a ello.

Por consiguiente, si la luz conserva intensidad suficiente para impresionar nuestra retina, podemos ver la distancia a que se halla el objeto que la emite; y de este modo, cuando contemplamos una estrella, vemos a una distancia de billones de kilómetros.

¿SE DEBILITA LA LUZ DURANTE SU MARCHA?

Nadie ignora que cuanto más lejos se encuentra una luz, menos brillo ofrece. La luna, a pesar de su pequeñez relativa, y el planeta Venus, los vemos más brillantes que las estrellas, si bien la intensidad de su luz no llega ni a la décima parte de la de éstas, porque Venus y la Luna están mucho más próximos a la tierra.

Sin embargo, en la respuesta a la pregunta anterior, dijimos que la luz se propagaría de un modo infinito, si no fuese detenida por algo. Es de suponer, por tanto, que, mientras camina la luz a través del vacío, no sufre absorción ni pérdida alguna.

No obstante esto, sabemos que la luz se debilita al propagarse; pero esto es debido a que se va difundiendo en todas direcciones, y por eso va siendo cada vez menos intensa la que penetra en un lugar determinado, por ejemplo, en la retina del ojo humano.

Divulgación Científica

Todo el que haya manipulado una linterna sabe perfectamente cuán brillante es el círculo de luz que proyecta sobre la pantalla, cuando se la coloca muy próxima a ella; y, que, a medida que la vamos alejando, se aumenta el diámetro de dicho círculo, pero se debilita la intensidad de la luz. La ley que preside estos fenómenos nos es perfectamente conocida.

Si la distancia se duplica, la intensidad de la luz se hace cuatro veces menor; si aquélla se triplica, se hace su intensidad nueve veces menor; si se cuadruplica, se hace su intensidad diez y seis veces menor. Es decir, que, para calcular la intensidad de la luz, deberemos buscar el cuadrado de la distancia, o sea, multiplicar ésta por sí misma, y la cifra que resulte nos dará el número de veces que se habrá hecho menor la expresada intensidad.

Se dice, pues, que la intensidad de la luz varía en razón inversa del cuadrado de la distancia. Si variase en razón directa de dicho cuadrado, entonces la intensidad de la luz sería diez y seis veces mayor cuando se cuadruplicase la distancia, en vez de ser, como es realmente, ese mismo número de veces menor. Esta « ley de los cuadrados inversos » es igualmente cierta para la intensidad del sonido, del magnetismo, del calor y de la gravitación.

Desde 1960 la ciencia trabaja incesantemente con los dispositivos láser, que consta de una luz de frecuencias muy estrechas, obtenida por inducción cuántica. Este haz estrecho permite a la luz viajar de manera focalizada a amplias distancias por medio de una cavidad, siendo el dispositivo elegido en la transmisión de Internet y Televisión por Cable.

¿POR QUÉ LA LUZ NO PUEDE DAR LA VUELTA A UNA ESQUINA?

Hay varios modos de obligar a la luz a dar la vuelta a una esquina; pero es indudable, y esto constituye uno de los hechos más importantes relativos a la luz, que ésta camina siempre en línea recta.

Lo cual no quiere decir que la luz de una lámpara camine en una sola dirección; camina, por el contrario, en linea recta en todas direcciones, y desde el momento que es una propiedad inherente a la luz al caminar en línea recta, claro está que por sí misma no puede dar la vuelta a una esquina.

Pero, afortunadamente, existen muchos medios de obligar a la luz a dar la vuelta a una esquina, porque de muchas maneras puede hacerse cambiar de dirección a los rayos de luz. Con la ayuda de un espejo, o de cualquier superficie que refleje la luz, se puede conseguir que ésta dé la vuelta a una esquina, o a varias, con tal que en cada una de ellas se coloque un nuevo reflector.

De un modo semejante podría conseguirse también que una pelota diese la vuelta a una esquina.

También cabrá obtener este efecto, por lo que respecta a la luz, por medio de lo que se llama su refracción, la cual no es otra cosa que el desvío o inflexión que experimentan los rayos de luz al pasar de un medio a otro más o menos denso, como del aire al agua o del aire al cristal, o al contrario, que parece como si se quebrase.

¿POR QUÉ ES LUMINOSA LA LUZ?

Esta pregunta nos parece al principio una tontería; pero en realidad es sumamente sensata.

Sabido es que lo que llamamos luz, consiste en un movimiento ondulatorio electromagnético en el vacío, del mismo modo que lo que conocemos con el nombre de sonido es un movimiento ondulatorio del aire; pero nos queda por contestar, si es que podemos hacerlo, la siguiente pregunta: ¿A qué se debe que una clase de ondas produzcan en nuestro cerebro la sensación de luz, mientras otra clase produce la impresión de lo que se llama sonido?. ¿Por qué las ondas del aire no nos producen el efecto de la luz, y las de la luz el efecto del sonido?.

Únicamente puede decirse que es debido a la conformación particular del cerebro. Es posible imaginar, según ha dicho un gran sabio que se dedica al estudio de la mente humana, que los nervios del ojo fuesen a parar al centro auditivo del cerebro, y los nervios del oído al centro visual; o que al ir a un concierto « viésemos » las notas musicales y « oyésemos » los movimientos del jefe de orquesta y de los demás músicos.

Esto quiere decir que lo que llamamos luz, sonido o o temperatura son más que consecuencias de la impresión producida en partes determinadas del cerebro, que corresponden a dichas impresiones.

Es un hecho sumamente interesante el de que en ciertas personas se observe lo que se llama sensaciones asociadas. En tales casos, cuando una parte del cerebro es impresionada, como, por ejemplo, por un sonido, lo es igualmente la parte que corresponde al sentido de la vista; de manera que puede decirse que el sonido ha producido luz.

Cuando las personas, cuyo cerebro presenta esa particularidad, oyen tocar algún instrumento por el estilo del cornetín, perciben al mismo tiempo un color carmesí; y si oyen alguna otra clase de instrumento puede que perciban un color azul. Estos casos parecen muy extraordinarios, pero no hay duda de que ocurren realmente.

¿POR QUÉ ES NUESTRA SOMBRA MAYOR QUE NOSOTROS MISMOS?

Nuestra sombra no es siempre mayor que nosotros mismos; su magnitud depende enteramente de la altura que tenga el sol sobre el horizonte. Cuando se halla muy alto, nuestra sombra es mucho menor que nosotros; y si el sol estuviese en nuestro mismo cenit, nuestra sombra quedaría reducida a una pequeña superficie alrededor de nuestros pies.

Pero, cuando más desciende dicho astro, con mayor oblicuidad nos envía sus rayos, y por eso la sombra, que en tales ocasiones proyectan nuestros cuerpos en el suelo, llega a tener a veces una longitud muy superior a nuestra altura.

Si recordamos que los rayos de luz caminan en línea recta, y en todas direcciones, como es fácil advertir fijándose en la llama de una bujía o de un mechero de gas, fácilmente podremos hacernos cargo de que la sombra de un objeto será tanto mayor, cuanto más lejana se halle la superficie sobre la cual se proyecta. A veces podemos comprobarlo sencillamente con nuestro propio cuerpo.

Cuando el sol se halla bajo, entre las montañas, y nos encontramos sobre una loma o pico, podemos observar, en ocasiones, que nuestra sombra no se proyecta a nuestros pies, sino que, salvando el valle, va a proyectarse sobre la ladera de otro monte. Estas sombras pueden alcanzar extraordinarias dimensiones y llenarnos de terror.

Cuando la tierra está situada entre la luna y el sol, arroja sobre aquélla su sombra, y produce lo que llamamos un eclipse, porque la priva de la luz del sol, ocultándola a nuestra vista.

Este experimento de la longitud de las sombras podemos efectuarlo fácilmente colocando un lápiz delante de la luz de una bujía, o la mano ante los rayos del sol que se proyecten sobre el mantel de una mesa.

¿ES POSIBLE VER SIMULTÁNEAMENTE OSCURIDAD Y LUZ EN UN MISMO LUGAR?

Si estuviésemos en la luna, tal vez nos fuera posible observar este fenómeno; porque en ella no hay nada que difunda la luz del sol, de suerte que la sombra de la noche forma necesariamente un perfil claro y distinto.

Pero en la tierra hay atmósfera que esparce y refleja sin cesar la luz que pasa por ella, de suerte que las sombras jamás tienen contornos bien definidos. Ésta es la explicación del crepúsculo. El sol se ha puesto ya, ha descendido debajo del horizonte, y, si no existiese la atmósfera, quedaríamos en completa oscuridad en el momento mismo en que aquél se ocultase; pero el aire se encarga de reflejar hasta nosotros la luz que sigue llegando a sus capas superiores por espacio de algún tiempo.

Claro es que los rayos del sol siguen alumbrando las capas de la atmósfera que se hallan sobre nosotros durante algún tiempo después de ocultarse aquel astro a nuestra vista, y ellas nos reflejan su luz.

Empero al paso que baja el sol, sus rayos van alumbrando menor número de capas, hasta dejar de iluminar por completo las más altas; entonces cesa el crepúsculo y sobreviene la noche.

En algunos puntos del globo, a causa del estado del aire, éste refleja hacia abajo mucho menos cantidad de luz, y entonces el crepúsculo es muy corto. Pero en ninguna parte es posible ver avanzar la sombra de la noche, lo cual constituiría un magnífico espectáculo.

¿QUÉ SE HACE DE LA LUZ CUANDO SE EXTINGUE?

Debemos considerar la luz como una especie de energía, como una especie de agitación llena de fuerza, que se efectúa en el vacío. Es una cosa que camina con una velocidad portentosa, e incapaz de permanecer en reposo.

Cuando tenemos una luz fija dentro de una habitación, no es que allí haya una cosa que se llame luz, que permanezca en reposo, sino que, de millonésima en millonésima de segundo, se produce constantemente nueva luz; de suerte que no es posible guardar la luz en un cuarto, como guardamos otra cosa material cualquiera.

Si, por ejemplo, introducimos un montón de arena en una habitación, allí permanecerá en el suelo mientras alguien no lo remueva; pero la luz no permanece en parte alguna; está siempre en movimiento; y para que haya una luz fija en un lugar cualquiera, es preciso que exista una fuente que la produzca sin cesar, de momento en momento, pues, de lo contrario, se extingue.

Cuando dejamos a oscuras una habitación, cortamos esta fuente de luz, y la luz producida un instante antes, se ha marchado. Ahora comprendemos por qué. Pero esta pregunta es interesantísima, y apenas si se le ocurre a nadie formularla. Nada se pierde enteramente, y por eso la energía que produjo la luz no se pierde tampoco, aunque la habitación se quede completamente a oscuras.

Si pudiéramos seguirle las huellas, veríamos que se ha transformado en otras cosas, tales como calor, que se nos muestra en el vidrio de la lámpara y en todos los objetos que ha alumbrado, no sólo en las paredes y los muebles de la habitación, sino en el aire también; se ha transformado asimismo en la energía que determina alteraciones químicas, y por eso vemos que las alfombras y cortinas se decoloran bajo su influencia de la luz solar.

¿A QUÉ LLAMAMOS AÑO LUZ?

Un año luz es una unidad de distancia. Se la calcula como la longitud que recorre la luz en un año, a una distancia infinita de cualquier campo gravitacional o campo magnético. Esto es para asegurar la trayectoria rectilínea de la luz, que se se curva en caso de hallarse en cercanías de campos de fuerzas masivos.

Equivale aproximadamente a 9.460.730.472.580,8 km, para ser más precisos. Es decir unos 9,46 Tera Kilómetros (millón de millón).

Un año luz es una unidad de longitud (es una medida de la longitud del espacio-tiempo absoluto einsteniano).

En campos especializados y científicos, se prefiere el pársec (unos 3,26 años luz) y sus múltiplos para las distancias astronómicas, mientras que el año luz sigue siendo habitual en ciencia popular y divulgación.

LOS ESPACIOS INTERESTELARES Y LA NATURALEZA DEL ESPACIO - TIEMPO

¿QUÉ ES EL ESPACIO – TIEMPO?

Ésta fué una pregunta que antiguamente nunca fué formulada, ya que siempre se pensó, incluso en una época más reciente como la de Isaac Newton en el siglo XVII, que ambos conceptos eran independientes uno del otro. Todos lo aceptamos así en nuestra vida cotidiana. Sin embargo, todos nos manejamos con distancias muy pequeñas, si las comparamos a escala astronómica.

En nuestras propias dimensiones corrientes, la luz sólo tarda una pequeña fracción de segundo en llegar desde la página de este libro hasta nuestros ojos.

Pero si creciéramos de manera inusitada, como Alicia en el País de las Maravillas, y tuviésemos el tamaño de la Tierra, y pusiéramos con nuestros largos brazos el libro cerca del Sol, tardaríamos en leer la primera línea del libro unos ocho minutos, porque ése sería el tiempo que la luz tardaría en llegar a nuestros ojos.

En consecuencia, espacio y tiempo son expresiones de lo mismo. Todo se desenvuelve y ejecuta en el Universo en un entramado muy delicado que llamamos Espacio – Tiempo. Lo que ocurre en uno, ocurre simultáneamente en el otro.

Esto nos enseña que cuando tendemos a entender más el mundo

que nos rodea, los conceptos se unifican como el concepto de Masa – Energía; Espacio – Tiempo; Campos Eléctricos y Magnéticos en los llamados Campos Electromagnéticos, para citar sólo algunos ejemplos.

La explicación de qué es la Gravedad se apoya en el concepto de que es una expresión de una deformación del entretejido del Espacio-Tiempo, por la presencia de cuerpos masivos como las galaxias, constelaciones, o estrellas y planetas.

De esta manera podemos explicar el porqué los planetas giran en torno del Sol o las lunas en torno de los planetas. Sabemos también que la propia luz tiende a desviarse de su trayectoria rectilínea ante la presencia de cuerpos masivos como las estrellas, lo que fué comprobado hasta no hace muchos años, durante un eclipse de Sol.

¿QUÉ TAMAÑO TIENE EL ESPACIO?

Esta cuestión es una de las que más han apasionado a los hombres desde que comenzaron a reflexionar. ¿Quién, en una hermosa noche estrellada de verano, mirando la bóveda celeste, no se ha hecho esa pregunta?. Sabemos, porque nos lo han dicho, o porque lo hemos leído, que las estrellas que vemos están a inmensas distancias. Sabemos que la luz tarda años y hasta miles de millones de años para llegar hasta nuestros ojos.

Sabemos, también, que hay estrellas invisibles aún para los telescopios más poderosos de que disponemos en la actualidad, tan gigantesca es la distancia a que se hallan. Pero entonces surge inevitable y apasionante la pregunta : «Muy bien ¿pero es posible que siempre haya una estrella más lejana ?. ¿ Es que no hay límite más allá del cual no haya estrellas en absoluto?».

Supongamos, por un momento, que respondernos : «Las estrellas tienen un fin, más allá de tales y tales estrellas nada hay ; a partir de ellas reina el vacío absoluto, la noche total e insondable».

Pero entonces nace otra pregunta, más misteriosa que la anterior. «Y el espacio que contiene las estrellas y los planetas, ¿ se extiende indefinidamente ? ¿ No hay límites, no hay algo, una frontera remota más allá de la cual no haya nada?».

A esta apasionante pregunta la física actual, desde Einstein, contesta lo siguiente : el espacio es curvo, no recto, y vuelve, por decirlo así, sobre sí mismo. De modo que es ilimitado pero finito.

Esto es fácil de entender pensando en la Tierra; la Tierra es esférica y si se camina en una dirección no se encontrará jamás un límite (es, pues, ilimitada); pero, sin embargo, sabemos que la Tierra no es infinita sino que tiene un tamaño finito, determinado.

Lo que sí sabemos es que el espacio interestelar e intergaláctico se encuentra rodeado de inmensos espacios vacíos.

¿QUÉ ES EL VACÍO?

En el estudio de la naturaleza se hace frecuente uso de la palabra vacío para significar la ausencia absoluta de toda materia en un espacio de lugar determinado; debe tenerse presente, sin embargo, que, en realidad, no existe el vacío absoluto.

La etimología de esta voz se saca del adjetivo latino *vacuum*, que tiene el mismo significado, si bien nuestro idioma posee también otra palabra: vacuo, en el que la vemos adoptada casi literalmente.

Pero cuando hablamos del vacío nos referimos únicamente a los gases, tales como el aire. Tomemos un globo de vidrio, que no se deforma cuando se hace el vacío en su interior, como ocurriría con uno de papel, que sería aplastado por la presión atmosférica exterior, si pretendiésemos hacer en él el vacío, y apliquémosle a una bomba a fin de extraerle el aire que tiene dentro. Cuando lo hayamos logrado, diremos que hemos hecho el vacío en su interior.

Es evidente que jamás puede obtenerse el vacío absoluto, sino únicamente un espacio que contiene relativamente poco aire.

Aunque dispusiésemos de una bomba que no tuviera escape alguno—aparato que hasta ahora no ha sido posible construir—y la hiciéramos funcionar por espacio de mil años, jamás lograríamos extraer todo el aire que existe en el interior del globo ni obtener en él, por tanto, un vacío perfecto.

Los espacios vacíos en el Cosmos son los que más se asemejan a un vacío perfecto, ya que puede contener un átomo por metro cúbico. Sin embargo, para obtener una densidad tan baja ese espacio debe estar muy alejado de estrellas o galaxias cercanas, ya que la energía electromagnética y gravitatoria se considera materia, puesto que la energía y la materia son equivalentes. Sabemos que existen estos inmensos vacíos cósmicos, gracias a los modernos telescopios infrarrojos.

¿POR QUÉ NO ES POSIBLE OBTENER EL VACÍO PERFECTO?

Creerá alguno que si seguimos aplicando la acción de la bomba el tiempo necesario, lograremos, al fin, obtener un vacío perfecto; pero eso no es así. Supongamos que tuviésemos la suerte de hallar una bomba perfecta, y que a cada embolada o juego del pistón lográsemos extraer la mitad del aire que existe dentro del globo.

Después de la primera embolada habríamos sacado la mitad del aire total; después de la segunda, las tres cuartas partes del mismo; después de la tercera, los siete octavos; después de la cuarta, los quince diez y seis avos; y si, por este método, seguimos ajustando la cuenta, veremos que siempre quedará dentro algo de aire. De cada embolada extraemos menor cantidad de aire que en la anterior, y siempre queda dentro la mitad del que había antes.

Tratar de hacer el vacío de esta suerte es lo mismo que si una persona solicitara de otra una suma de dinero, 64 centavos, por ejemplo, y conviniese en recibir 32 centavos de primera intención; después, 16; y luego, 8; más tarde, 4, y así sucesivamente. Cada vez recibe la mitad de lo que le resta que cobrar, y no tardará en tener 63 centavos; pero ni en un millón de años logrará, por este método, verse en posesión de la cantidad entera.

Nadie ha podido ni podrá jamás hacer en sitio alguno un vacío perfecto. Existen otros métodos de intentarlo, además del de la máquina pneumática, pero ninguno es perfecto, aunque alguno sea mejor que la máquina expresada.

¿QUÉ HAY DETRÁS DEL LIMITE DEL ESPACIO?

Muchas veces hemos oído decir que el espacio es infinito. ¿Qué se quiere decir con esta palabra un poco misteriosa?. Se quiere decir que el espacio no tiene fin.

Era natural que la gente y hasta los hombres de ciencia hayan pensado de este modo respecto al espacio. Supongamos, en efecto, que salimos de nuestro planeta en dirección a Plutón, en alguna de esas naves de propulsión de chorro que los físicos están planeando para las exploraciones siderales.

Es evidente que una vez llegados a Plutón, a pesar de la enorme distancia que nos separa de ese remoto planeta, podríamos emprender otro viaje, siempre en la misma dirección. Y así hasta el infinito. ¿Por qué, en efecto, suponer que el espacio ha de terminar alguna vez? ¿Qué podría haber sino espacio más allá de cualquier límite?

Así pensaban los hombres hasta que el genial físico Alberto Einstein, con su teoría de la relatividad, dió una nueva visión de este apasionante enigma: el espacio es ilimitado pero finito. ¿Cómo puede ser así?.

Del mismo modo que la superficie de una esfera puede ser recorrida en cualquier dirección sin encontrar jamás un límite, y no obstante la esfera es un cuerpo finito. De esta manera ofreció una nueva y valiosa explicación a tan difícil problema.

¿HASTA DÓNDE SE EXTIENDE EL ESPACIO?

Sabemos que, aunque la tierra jamás cesa de moverse en el espacio, su órbita, sin embargo, es cerrada, formando casi un círculo; de suerte que no marcha sobre una línea recta y sin fin.

Por lo que respecta a este movimiento, la tierra no necesita verdaderamente mucho espacio. Pero el estudio del sol nos enseña que este astro se mueve también, avanzando sin cesar, al parecer, en una dirección fija y no en una órbita cerrada.

De suerte que se ocurre preguntar hasta donde se extiende el espacio, toda vez que tenemos que acompañar al sol en su movimiento. Sabemos actualmente que el sol se mueve alrededor del centro de la Vía Láctea, nuestra Galaxia, y que necesita 250 millones de años terrestres para completar una órbita completa.

En consecuencia, la única respuesta posible a esta pregunta es que el espacio se extiende sin limitación alguna en todas direcciones.

No debemos, sin embargo, permitir que esta tremenda idea nos haga estremecer, que es lo que significa tremenda; porque incomparablemente más grande que el espacio infinito es la inteligencia del hombre, capaz de estudiar y fijarse en estas cosas.

¿CUÁL ES LA COMPOSICIÓN DEL ESPACIO?

A esta pregunta sólo podemos contestar que el espacio se compone de... ¡espacio!. Para decirlo brevemente de radiación electromagnética y ondas gravitaciones principalmente. Sabemos que a través del espacio ocurren muchas cosas admirables. La luz camina distancias inconcebibles, y la gravitación se ejerce también a través de él.

Sabemos que ambas energías se mueven sin obstáculos por el vacío cósmico. Y de esta suerte venimos a otra interesante cuestión, que nos impulsa a preguntar: ¿De qué está lleno el espacio?.

Sabemos que está cruzado en todas direcciones por radiaciones diversas, como los rayos cósmicos, las ondas luminosas, la extensa gama de las radiaciones electromagnéticas, etc., de modo que aún el llamado «vacío absoluto» está ocupado por infinidad de radiaciones que, en realidad, son «corrientes de energía», y como, según la relatividad, la energía es materia, podría decirse que el vacío no existe.

¿QUÉ SE ENTIENDE POR TIEMPO DE GREENWICH?

Es evidente que, como la tierra gira alrededor de su eje, veremos salir el sol por Oriente tanto más pronto, cuanto más hacia el Este nos hallemos, y al contrario. Así pues, el tiempo aparente, juzgado por la salida y puesta del sol, varía en los diversos lugares, según se hallen situados más hacia el Este o el Oeste, dándose el caso de que, cuando es mediodía en un lugar de la tierra, sea media noche en la mitad opuesta de su mismo meridiano.

En esto no influye la latitud para nada, sino la longitud solamente, pues la tierra no gira en sentido de Norte-Sur, sino de Occidente a Oriente.

Es, pues, preciso tomar un punto de referencia para la medida del tiempo, y el lugar que varias naciones han escogido ha sido Greenwich. Cada una tiene su hora propia para su vida interior, pero en lo relativo a los hechos de índole general, como, por ejemplo, los fenómenos celestes, todas ellas se refieren al tiempo de Greenwich, es decir, que toman como un punto de partida el momento en que el sol pasa por el meridiano de dicho observatorio astronómico.

Las líneas que vemos en los mapas, que cruzan de Norte a Sur la superficie del globo, se llaman líneas de longitud, o meridianos. Las distancias que las separan disminuyen del Ecuador a los Polos, en donde todas se encuentran, lo mismo que las lineas que trazamos con el cuchillo cuando cortamos un melón en la forma ordinaria.

Los lugares que se encuentran en el mismo meridiano de Greenwich, tienen, como es natural, las mismas horas que éste, y los que no, horas distintas.

¿POR QUÉ CORRE SIEMPRE EL TIEMPO SIN DETENERSE JAMÁS?

Ésta es una de las preguntas más profundas que no pudo resolverse hasta el descubrimiento del anteriormente explicado Big Bang, o expansión del espacio-tiempo. Según hemos explicado ambos conceptos son equivalentes, y por lo tanto si uno se expande el otro también lo hace simultáneamente. Sabemos que el tiempo está íntimamente relacionado con el observador, y no existe un tiempo absoluto.

Tomamos una cosa que varía regularmente, tal como la posición de la tierra en su movimiento alrededor del sol, y por ella medimos el tiempo; o bien nos valemos del cambio del día y de la noche.

Si todo lo que ocurre dentro y fuera de nosotros aconteciese mil veces más despacio, no nos daríamos cuenta de que las cosas se desarrollaban con mayor lentitud, porque no tendríamos punto alguno de comparación.

Si todo cambio cesara de improviso, y todas las cosas se detuviesen donde están, en un momento dado, a las cuatro de la tarde, por ejemplo; si no creciesen las sombras ni llegase la noche; si no sintiéramos hambre ni sed; si nuestra mente no pensase en nada, y si todas las cosas, interiores y exteriores a nosotros, hubiesen de quedar en el mismo estado exactamente en que se hallan en el momento elegido: dejaría de existir el tiempo hasta que empezase todo a cambiar nuevamente.

Al principio, a todos se nos ocurre pensar que esto no es cierto; pero ello es debido a que no podemos dejar de pensar que las cosas siguen cambiando, y por eso tampoco nos podemos acostumbrar a la idea le que el tiempo no transcurra.

LAS GALAXIAS

¿QUÉ ES LA VIA LÁCTEA?

Las personas que se dedican al estudio que se dedican al estudio de las estrellas creen que la Vía Láctea es el límite del mundo de estos astros, al cual pertenecemos. Es un círculo completamente cerrado, donde se halla el cielo repleto de estrellas; sin embargo, existen claros en él, por los que nuestros ojos miran, sin descubrir nada más allá. Podemos comenzar a medir el diámetro de este gran círculo.

Nuestro sol, con su sistema, se encuentra en el borde externo de la galaxia, siendo una de las particularidades más notables relativas al sol, y, por tanto, a nosotros, el aislamiento que parece tener en el mundo sideral.

No hay en su vecindad estrella alguna; en tanto que la mayor parte de las demás estrellas se hallan mucho más próximas, unas a otras, especialmente en la Vía Láctea.

Sabemos que nuestra Galaxia, la Vía Láctea se mueve en el espacio, y que gira sobre sí misma; pero ahora se la está estudiando y fotografiando, y, después de bastantes años, nuestros descendientes podrán comparar nuestras fotografías con las que ellos obtengan, y deducir tal vez importantes consecuencias.

¿ES POSIBLE QUE LA VIA LÁCTEA SE CONVIERTA EN UN MUNDO?

La Vía Láctea se compone de gran número de estrellas, tan próximas las unas a las otras, que sus luces se confunden, presentando el aspecto de una ligera nube, o de un reguero de leche esparcido por el cielo.

Con unos gemelos de teatro, y mejor con un telescopio, se ven con más claridad las estrellas distintas que la forman; y tomando una fotografía de ella por un telescopio,—lo cual es muy sencillo—se ve que las estrellas de la Vía Láctea se cuentan, no por millares ni aun siquiera por centenares de millares, sino por millones.

Desde ninguna parte de la tierra puede descubrirse más que una mitad, próximamente, de la Vía Láctea; pero este gran reguero de estrellas forma en realidad un inmenso círculo, cuyas diferentes partes pueden ser vistas desde diversas localidades. El sol y la tierra y los restantes planetas se hallan situados en un lugar no muy distante del centro de este gran círculo.

Ahora bien, cada una de estas estrellas es un sol como el nuestro, aunque el tamaño de algunas sea inferior, y el de muchas, superior al de éste.

Todos, o algunos por lo menos, de estos soles, tal vez tengan uno o muchos planetas girando en torno de ellos, como la tierra gira alrededor del sol. No podemos ver estos planetas, porque deben ser demasiado pequeños, y carecer de luz propia, como la tierra.

De suerte, que si hubiésemos de asignar sólo dos o tres planetas a cada una de las estrellas o soles que forman la Vía Láctea, resultarían centenares de millones de mundos, entre grandes y pequeños, viejos y jóvenes.

¿QUÉ ES UNA CONSTELACIÓN?

La palabra latina stella significa en español estrella, y con equivale a nuestra misma preposición; de suerte que las constelaciones son grupos o familias de estrellas que creemos ver en distintas partes del ciclo.

Decimos « creemos ver », porque, por regla general, no hay razón alguna para creer que las estrellas que nos parecen tan próximas las unas de las otras lo estén en realidad. De dos estrellas que nuestros ojos ven próximas, puede una distar de nosotros cien veces más que la otra.

Pero estos grupos de estrellas o constelaciones, como la que ahora llamamos « el Arado », nos llaman más la atención que una estrella sola, y por eso ocurre con frecuencia que los nombres de las constelaciones son mucho más antiguos que los de las estrellas que las forman.

Pero existe otra razón más importante para que los hombres hayan estudiado y observado escrupulosamente las constelaciones desde tiempos muy remotos, y es que en la antigüedad, se creía que ejercían especial influencia en la felicidad de la vida de las personas.

La misma creencia existía respecto de los planetas; por eso cuando algún planeta parecía pasar o errar—recuérdese que planeta significa errante—a través de cierta constelación en el momento preciso en que nacía una criatura, se creía a ojos cerrados que dicho astro debía ejercer decisiva influencia en aquella criatura mientras viviese.

Cuando el indicado planeta pasara por cierta constelación le ocurriría algún suceso probablemente agradable; y correría gran peligro cuando el astro atravesara otra constelación determinada.

En la actualidad es notorio que todas estas supersticiones son falsas, y no debemos creer en ellas, pues hacen que las personas cifren su fe y esperanza en cosas que no tienen con ella relación alguna.

LAS ESTRELLAS

¿DE QUÉ ESTÁN HECHAS LAS ESTRELLAS?

No hace mucho afirmó un pensador ilustre que jamás se podrá contestar a esta pregunta de un modo categórico, pero hoy sabemos que son un estado especial de la materia denominado plasma, es decir gases formados principalmente de Hidrógeno y Helio a millones de grados de temperatura.

Poseemos, un instrumento maravilloso, mediante el cual se ha estudiado la clase de luz que nos envían las estrellas; y como conocemos la luz que producen al arder los cuerpos existentes en la tierra, se ha deducido de su comparación que algunos de estos últimos se encuentran también en las estrellas. Se llama este proceso espectrometría, que es analizar el espectro de la luz que nos llega de cada estrella para saber de su composición.

Así, pues, podemos desde luego afirmar que la misma especie de materia de que se ha fabricado este papel, y la tinta y los tipos con que ha sido impreso, y los ojos, con que los leemos, debe de existir en las estrellas, las cuales se hallan formadas de una sustancia tan material como la de la Tierra.

Claro es que no son todas las estrellas iguales. A simple vista se observa desde luego que unas son mas rojizas y otras más blancas, Unas contienen, por ejemplo, más oxigeno que otras; pero lo esencial es que en ellas existe el oxígeno, este mismo gas que en este instante respiramos.

¿CUÁL ES LA EXTENSIÓN DEL MUNDO DE LAS ESTRELLAS?

Debemos imaginar nuestro Universo total como curvo y cerrado, quizás de forma más o menos esférica. Y dentro de él se encuentran todos los astros que conocemos.

¿ Cuántas estrellas hay dentro del Universo?. Cuando se mira el cielo de una noche estrellada parece que la cantidad visible a simple vista es fabulosa, y si queréis reíros a costa de una persona desprevenida preguntadle cuántas estrellas piensa que se ven a simple vista en el cielo; le dirá, sin lugar a dudas, que son centenares de millares o millones. Es curioso, pero todos caen en el mismo error. Ante el asombro general, diréis entonces la verdad: «A simple vista y a un mismo tiempo, sólo se alcanzan a ver unas 3000 estrellas». ¿ No es verdaderamente asombroso?.

Claro que en cuanto miramos el cielo estrellado con un telescopio, el número de astros visibles se multiplica, pues con este aparato llegamos más lejos que con nuestros ojos. Con los grandes telescopios contemporáneos se han localizado centenares de millones de estrellas.

Solamente en la Vía Láctea, esa hermosa faja blanquecina que parece envolver el cielo, hay miles de millones de estrellas. Pero la Vía Láctea es lo que los astrónomos llaman una «galaxia»; vista esta galaxia a distancias gigantescas aparece como una lenteja. Y hay millones de estas lentejas en el Universo. Calcúlese, pues, ¿cuál puede ser la cantidad total de estrellas?.

Puede pensarse que esta fantástica cantidad de astros es demasiado grande para caber en un Universo que es finito. Pero no debe olvidarse que el tamaño del Universo también es de dimensiones casi inconcebibles. Algunos sabios han tratado de calcular qué tiempo se tardaría en «dar la vuelta» al Universo entero: un viajero que corriese con la velocidad de la luz (300.000 kilómetros por segundo) tardaría varios miles de millones de años.

¿QUÉ FUERZA MANTIENE LAS ESTRELLAS Y EN SUS PUESTOS?

Cuestión es esta que los hombres pensadores han venido proporcionándose por espacio de muchos siglos; pero no está del todo bien expresada. Las estrellas no ocupan un lugar determinado, pues acabamos de decir que están todas en constante movimiento.

Y hasta se cree hoy día que a veces suelen chocar unas con otras. Los astrónomos de nuestro días piensan haber descubierto en el cielo dos grandes corrientes de estrellas, a una u otra de las cuales pertenecen todas las existentes, y las cuales se cruzan, moviéndose en opuestas direcciones.

Sabemos que este complejo entramado de estrellas y galaxias se originó a partir de un evento llamado "Big Bang" o explosión inicial. Nadie tiene la menor idea del porqué se inició este proceso, ni cuál será su efecto final; pero, sea de ello lo que quiera, estamos seguros de que no existe ningún astro en reposo, y que la denominación de fijas, dada por tan largo tiempo a ciertas estrellas, es puramente convencional y relativa. Suponen algunos que debe de existir un centro alrededor del cual todas las estrellas se muevan; mas no existe prueba alguna de que sea un hecho esta hipótesis.

¿POR QUÉ SON REDONDAS LAS ESTRELLAS COMO LA LUNA Y EL SOL?

Esta pregunta podríamos responderla diciendo que son en realidad esféricas, y que se debe su forma a la fuerza uniforme de la gravitación.

No vemos las estrellas redondas por la sencilla razón de que están muy lejos de nosotros. Los planetas son mucho más pequeños que ellas, pero se hallan tan próximos a nosotros que cuando los miramos con un telescopio podemos percibir perfectamente que son redondos, porque los vemos bajo la forma de un pequeño disco.

Sin embargo, por poderoso que sea el telescopio con cuya ayuda contemplamos la más brillante o más cercana de todas las estrellas, jamás vemos disco alguno, sino solamente un punto luminoso.

Aunque la estrella que observemos con el telescopio sea un millón de veces mayor que un planeta pequeño, como Venus o Marte, cuyo disco podemos ver aun con un pequeño anteojo, se hallan tan distantes, que sus discos no pueden ser vistos, y parece probable que ningún perfeccionamiento que pueda introducirse en los telescopios, o aumento de su tamaño, podrá permitirnos ver el disco de una estrella. Esto no obstante, no cabe duda alguna de que las estrellas son redondas lo mismo que el sol.

¿CENTELLEAN REALMENTE LAS ESTRELLAS?

La respuesta es desde luego negativa. Cualquier fuente de luz puede en realidad centellear, pues cuando la producción de aquélla se aumenta o disminuye, su intensidad variará en la misma proporción. Pero las estrellas son soles y no centellean realmente.

Algo, no obstante, debe acontecer a su luz, antes que llegue a nuestros ojos, para producirnos el efecto de un verdadero centelleo. Las estrellas emiten constantemente y en todas direcciones rayos de luz de intensidad uniforme, y no hay razón que nos induzca a creer que les ocurra nada a estos rayos antes de penetrar en nuestra atmósfera.

Pero al penetrar en ella suceden varias cosas. Es posible que se retrasen algunos con relación a los otros, y que se presente entonces el notable fenómeno conocido con el nombre de interferencias, que se observa en las ondas sonoras y en las de la superficie del agua.

Cuando arrojamos dos piedras una detrás de otra, en un estanque, se forman dos sistemas de ondas, las cuales se anulan unas veces y se refuerzan otras. Una cosa semejante sucede con las ondas luminosas: unas a otras se refuerzan o contrarrestan y es posible que ésta sea la causa del centelleo de las estrellas.

¿POR QUÉ CENTELLEAN LAS ESTRELLAS?

Más fácil de de contestar que la anterior es esta pregunta; pero, a pesar de ello. no tenemos aún absoluta seguridad en la respuesta. Todos sabemos desde luego qué sólo las estrellas centellean; y no esos otros astros admirables, de aspecto tan semejante a ellas, que llamamos planetas, y que, como la tierra, forman parte del sistema solar.

Los planetas brillan merced a la luz que reciben del sol y la rechazan o reflejan, lo mismo que la luna ; y, a semejanza de la de ésta, su luz es siempre fija. Empero, las estrellas brillan todas con luz propia, que nos llega desde distancias enormes, tan largas que, como hemos visto ya, la más cercana a nosotros tarda unos cuatro años en hacer llegar su luz a la Tierra.

Es probable que las ondas que producen esta luz interfieran unas con otras durante su largo camino; y por eso nos hace el mismo efecto que si la recibiéramos en forma de levísimas palpitaciones. Las personas que han estudiado esta cuestión dicen que lo que ocurre es parecido a lo que sucede cuanto tocamos un piano o un órgano: que los sonidos parecen aumentar y disminuir de intensidad alternativamente.

En acústica recibe este fenómeno el nombre de « interferencias », y es probable que el centelleo de las estrellas sea debido a la misma causa. Tal vez influya también el aire en ello, siendo posible que ejerza la atmósfera una perturbación más sensible sobre la luz de las estrellas, que sobre la del sol que nos envían la luna y los planetas.

¿ESTÁN LAS ESTRELLAS VERDADERAMENTE PRÓXIMAS UNAS A OTRAS?

Las estrellas están tan lejos de nosotros que nuestra vista no nos sirve para apreciar sus distancias. Algunas veces se muestra una estrella muy cerca de la luna, y parece que están ambas, una al lado de otra; y, no obstante, puede que se hallen a millones de kilómetros de distancia.

Hay siete estrellas que parecen estar juntas y que el vulgo suele llamar las cabrillas. Los astrónomos las denominan las Pléyades; y son en realidad lo que parecen, un racimo de estrellas. Claro está que cuando se dice uno junto a otros, hablando de los átomos de una gota de agua, se quiere expresar otra clase de proximidad.

Las siete cabrillas están sin duda alguna a millares de millones de veces más lejos unas de otras, que la tierra lo está del sol; pero, comparadas con otras estrellas, están muy juntas.

Hasta en la noche más serena no se pueden ver más que seis de las que forman el racimo; y he aquí por qué una antigua leyenda griega dice que la séptima se ha extraviado; la Pléyade perdida. Pero con el telescopio, o mejor aún, con el telescopio dotado de una placa fotográfica, podremos convencernos de que las seis o siete estrellas que se ven son en realidad las más brillantes de un gran grupo que puede contarse por decenas de millares.

No hay nada tan admirable en todo el firmamento como este magnífico racimo de estrellas o soles. En todas las edades las generaciones han admirado su belleza.

¿PARA QUÉ SIRVEN LAS ESTRELLAS QUE NO PODEMOS VER POR HALLARSE DEMASIADO LEJOS DE NOSOTROS?

Nos sirven para poder entender si nuestros modelos cosmológicos son acertados.

No ha faltado quien haya pretendido demostrar que hasta las estrellas que no vemos, por hallarse de nosotros a inconcebible distancia, nos reportan alguna utilidad, enviándonos tal vez cierta clase de radiación beneficiosa para nuestros ojos.

Desde luego no existe prueba alguna de esto, que por lo demás, no parece verosímil.

Probablemente, la utilidad de las estrellas que se hallan a demasiada distancia de nosotros para que las podamos ver, y la de las que vemos, debe de ser la misma que la de esa estrella tan próxima, que nos regala con su calor y su luz, con los que sostiene la vida en torno suyo, y que tan conocida nos es bajo el nombre de sol.

¿POR QUÉ TIENEN LAS ESTRELLAS LOS BORDES IRREGULARES Y NO REDONDEADOS, COMO LA LUNA?

Este caso es uno de los muchos en que los ojos nos engañan. Si miramos las estrellas con la ayuda de un telescopio, o si poseemos unos ojos perfectos, o usamos lentes que convengan justamente a nuestra vista, no veremos las estrellas con bordes irregulares, sino como puntos de luz.

Así pues, parte de la respuesta a esta pregunta es que los ojos de casi todas las personas no proyectan con perfección la luz sobre la retina; y este defecto que hace que veamos los objetos borrosos, se manifiesta especialmente cuando éstos son muy pequeños, o por mejor decir, nos parecen muy pequeños, porque la luz que de ellos procede impresiona solamente una parte muy pequeña de la retina.

Puede ser también que esta apariencia de las estrellas sea debida, en parte, a un hecho especial que se verifica en el ojo, y se llama irradiación, y consiste en que la imagen de los objetos brillantes se difunde o irradia dentro del ojo, excitando de esta suerte ciertas partes de la retina, a las que la luz no llega realmente. La excitación se extiende un poco, de un modo semejante a lo que ocurre cuando cae una gota de tinta en un papel esponjoso, y por eso el objeto que miramos nos parece mayor de lo que es en realidad, y a veces algo irregular en su forma.

Si contemplamos el cielo en una noche despejada, y fijamos la atención en una estrella de primera magnitud, en Capella, por ejemplo, la cual está situada debajo y a la izquierda de la de Perseo, veremos que presenta una forma netamente estelulada, con cuatro magníficas puntas, equidistantes entre sí alrededor del astro.

Esta figura perfectamente regular, que ha sido observada en todas las edades, y de la cual toman su nombre las estrellas de mar, se debe indudablemente a la estructura del ojo, y parece depender, en parte, del estado de éste en el momento de la observación, pues no siempre la notamos. No se advierte jamás, cuando se toma la fotografía de una estrella.

Estudiando la disposición de las partes sensibles de la retina, parece que las imágenes brillantes y concisas de las estrellas se proyectan sobre una de ellas solamente, y después, por una especie de simpatía, afectan también, a las que están situadas a su alrededor; y tal vez no sería difícil demostrar que la disposición de estos conos, que es el nombre que reciben los puntos sensitivos del centro de la retina, es tal, que bien pudiera explicar la apariencia de las estrellas. Probablemente, sólo una estrella es capaz de producir un hacecillo de luz tan fino que pueda herir directamente un cono de la retina, y nada más que uno solo.

¿DÓNDE SE OCULTAN LAS ESTRELLAS DURANTE EL DÍA?

¿Dónde están las estrellas por el día?—preguntan a veces los niños. Las estrellas, durante el día, permanecen en el mismo lugar en que se hallan durante la noche, y si fuera posible tapar el sol, las veríamos brillar a medio día tan claramente como a media noche.

A veces se presenta este fenómeno, pues la luna se interpone entre dicho astro y la tierra, ocultándolo a nuestra vista en pleno día por espacio de algún tiempo, a pesar de hallarse el cielo despejado. Cuando esto ocurre, una de las cosas que más admiración nos producen es ver salir nuevamente las estrellas.

Éstas, pues, permanecen invariablemente en su sitio, tan brillantes como siempre, y si no las distinguimos es porque la luz del sol, debido a ser mucho menor la distancia que de él nos separa, llega a nosotros con una intensidad tan notablemente superior a la de aquéllas, que no nos permite verlas.

Cuando escucháis el retumbar del trueno o el estampido del cañón, no oís el acompasado ruido de vuestra propia respiración, a pesar de tenerla tan cerca y hallarse el trueno tan lejos; pues bien, de la misma manera que el ruido grande anula al pequeño, así también la luz deslumbradora del sol eclipsa la incierta que de las estrellas nos llega.

Existe otra manera de suprimir la luz del sol y poder ver de día las estrellas : las personas que trabajan en el fondo de alguna excavación muy honda o de un pozo muy profundo, desde donde no descubren más que un pequeño trozo de cielo, ven las estrellas casi con el mismo brillo de día que de noche.

¿CAEN REALMENTE LAS ESTRELLAS?

Esos cuerpos, que vemos caer del cielo, y que designamos con el nombre de estrellas fugaces, no son tales estrellas. Si una estrella verdadera cayese en la tierra, o, por mejor decir, si la tierra cayese en una estrella, el calor procedente de ésta nos abrasaría a todos, mucho antes de que ambos cuerpos se pusiesen en contacto. Los objetos que caen son sencillamente piedras pequeñas, o guijarros, o pedazos de hierro y otros elementos.

Algunas veces llegan hasta la superficie de la tierra en forma de piedras o meteoritos, pero en la mayoría de los casos son quemados o convertidos en polvo por la atmósfera terrestre. La mayor parte del polvo que el aire contiene, especialmente en las regiones superiores, está formado de «polvo meteórico», como le llaman los hombres de ciencia.

Sólo vemos un corto número de las estrellas que caen, y que son atraídas por la atmósfera de la tierra; pues si bien el fenómeno se repite a cada instante, jamás vemos las que caen de día, y no porque dejen de calentarse y ponerse brillantes, sino porque los rayos del sol impiden que las veamos.

Pero como estos cuerpos llegan constantemente a nuestro globo, y la materia no puede ser aniquilada, mucha de la que constituye la tierra procede de las estrellas fugaces o aerolitos. Este es, sin duda, el origen del polvo que muchas veces se encuentra sobre la nieve de las más altas montañas, donde no es posible atribuirle otra procedencia.

¿POR QUÉ NO VEMOS TODAS LAS NOCHES LAS ESTRELLAS?

Las estrellas brillan constantemente, y envían su luz a la tierra de continuo; pero no basta esto para que podamos verlas. Para ello es preciso que la luz que nos envían llegue hasta nuestros ojos, y que llegue con la intensidad necesaria. Durante el día, la claridad del sol no nos permite verlas.

Por espacio de mucho tiempo se sustentó la creencia de que, desde el fondo de un pozo muy profundo, podían verse las estrellas en pleno día; pero esto no es verdad. La gente lo creía porque sí, sin tomarse la molestia de comprobarlo por medio de la experiencia, pero cuando al fin se decidieron los hombres a hacerlo, vieron que no había tal cosa. Lo que sí resulta indiscutible es que se ven las estrellas durante los eclipses totales de sol.

Varias causas ocultan con frecuencia las estrellas durante la noche: Las nubes las ocultan a nuestra vista de una manera tan completa como si cerrásemos los ojos o corriésemos las persianas.

Es curioso pensar que los rayos de luz que recorren tantos millones de kilómetros en dirección a nuestros ojos no puedan llegar jamás a ellos porque un obstáculo tan insignificante como una nube, una persiana, los párpados o cualquier objeto opaco dentro del ojo mismo, que encuentran en la última etapa de su largo viaje, se lo impiden.

La niebla y la calina – incendios forestales o partículas en suspensión - nos ocultan las estrellas igualmente que las nubes; pero no olvidemos nunca que lo mismo de día que de noche, ya esté el cielo despejado, ya cubierto por la niebla o las nubes más espesas, ora tengamos los ojos abiertos, ora cerrados, las estrellas no cesan jamás de brillar.

¿QUIÉN ASIGNO A LAS ESTRELLAS SUS NOMBRES?

En la actualidad se conoce un número enorme de estrellas—centenares de millones-,y las pequeñas (o por mejor decir, las menos brillantes, porque si las vemos más pequeñas es porque están muy lejanas) tienen sencillamente asignado algún número o letra, como los automóviles, a fin de poder identificarlas.

Pero las estrellas brillantes han sido conocidas desde tiempos muy remotos, 10.000 años, lo menos, habiéndose perdido el origen de sus denominaciones, juntamente con los nombres de los que se los pusieron.

Algunos de estos nombres son árabes, o griegos, o latinos, pero, con seguridad, muchos de ellos son mucho más antiguos que los astrónomos de estos pueblos, los cuales los aprenderían probablemente de sus predecesores, como nosotros los aprendimos de ellos. Una estrella que posee un nombre en extremo interesante es la Estrella Polar, la cual nos indica la dirección del Norte.

Nadie seria capaz de decir el número de millones y millones de navegantes que durante millares de años han contemplado con ojos satisfechos, y a veces con ansiedad, esta bendita estrella, que les enseñaba la ruta que debían seguir para regresar a sus hogares cruzando los ignorados océanos; y es seguro que todos ellos la habrán designado siempre con la misma palabra que en sus respectivos idiomas designaran el Norte.

Los orígenes de los nombres de las principales estrellas, como Aldebarán y Sirio, deben perderse en la noche de los tiempos. Al equivale, en árabe, a nuestro artículo definido, y la mayor parte de las palabras que en español empiezan por "al", sonido de origen árabe.

¿QUÉ SON LAS SUPERNOVAS?

Las supernovas son estrellas súper masivas que cuando se hallan al final de su ciclo de vida, habiendo consumido todo el material que la conforma como Hidrógeno y Helio, se contraen abruptamente por la fuerza de la gravedad de su núcleo, y estallan de manera impresionante, expulsando su material del interior a los espacios interestelares. El proceso de fusión nuclear masivo que se desarrolla en su interior en esos críticos momentos, es el origen del nacimiento de todos los elementos que conocemos en la Tabla Periódica, y que conforman también nuestros cuerpos. Por eso se ha dicho que somos "polvo de estrellas".

¿QUÉ SON LOS AGUJEROS NEGROS?

Un agujero negro es una región finita del espacio, en cuyo interior existe una concentración de masa lo suficientemente elevada como para generar un campo gravitatorio tal que ninguna partícula material, ni siquiera la luz, puede escapar de ella.

Sin embargo, los agujeros negros pueden ser capaces de emitir radiación, lo cual fue conjeturado por Stephen Hawking en los años 70. La radiación emitida por agujeros negros como Cygnus X-1 no procede del propio agujero negro, sino de su disco o corona que lo rodea llamado disco de acreción.

La gravedad de un agujero negro, o «curvatura del espacio-tiempo», provoca una singularidad envuelta por una superficie cerrada, llamada horizonte de sucesos. Esto es previsto por las ecuaciones del campo de Einstein.

¿QUÉ SON LOS QUÁSARES?

Definimos a un quásar como un cuerpo interestelar de gran emisión electromagnética, de frecuencia estable estable de emisión y gran velocidad de rotación sobre su propio eje. Se los llaman poéticamente los faros interestelares, porque en un futuro podrían perfectamente servir como faros en la navegación por la precisión e identificabilidad de la frecuencia en la radiación emitida, que es única para cada quásar, lo que nos permitiría conocer con exactitud la posición de nuestra nave espacial en el espacio interestelar.

Se ha estimado que sus dimensiones probablemente no excederían las dimensiones del sistema solar.

La radiación electromagnética que emiten probablemente excedería a la radiación que tendrían 100.000 millones de estrellas juntas, lo que nos hace sospechar que podrían representar un estado particular en la evolución y desarrollo de las galaxias, ya que sabemos que en promedio cada una alberga el citado número de estrellas.

<u>LOS PLANETAS</u>

¿QUÉ ES UN PLANETA?

Hasta hace pocos años teníamos una definición bastante clara e intuitiva de a qué llamábamos planeta. Sin embargo esta noción, a raíz de sucesivos descubrimientos astronómicos, fundamentalmente a partir de 1990, se tuvo que redefinir.

Un planeta es, según la definición adoptada por la Unión Astronómica Internacional, un cuerpo celeste que: 1ª) Órbita alrededor de una estrella o remanente de ella. 2ª) Tiene suficiente masa para que su gravedad supere las fuerzas del cuerpo rígido, de manera que asuma una forma esférica. 3ª) Ha limpiado la vecindad de su órbita de planetesimales, o lo que es lo mismo tiene predominancia orbital. 4ª) No emite una luz propia.

Los únicos planetas internacionalmente reconocidos para el sistema solar, que cumplen con estas cuatro condiciones, son ocho: Mercurio, Venus, Tierra, Marte, Júpiter, Saturno, Urano y Neptuno.

En cambio Plutón, que hasta 2006 se consideraba un planeta, ha pasado a clasificarse como planeta enano.

Mercurio es el planeta del sistema solar más próximo al Sol y el más pequeño. Forma parte de los denominados planetas interiores o terrestres y carece de satélites al igual que Venus. Se pudo comprobar que la órbita de este planeta estaba alterada por su proximidad con el Sol, lo que constituyó una nueva comprobación de la Teoría General de la Relatividad, que postula la deformación del espacio-tiempo en cercanías de cuerpos masivos como el Sol, debido al campo gravitatorio.

Venus es el segundo planeta del sistema solar en orden de distancia desde el Sol, y el tercero en cuanto a tamaño, de menor a mayor. Al igual que Mercurio, carece de satélites naturales. Recibe su nombre en honor a Venus, la diosa romana del amor. Se trata de un planeta de tipo rocoso y terrestre, llamado con frecuencia el planeta hermano de la Tierra, ya que ambos son similares en cuanto a tamaño, masa y composición, aunque totalmente diferentes en cuestiones térmicas y atmosféricas.

Venus posee la atmósfera más caliente, pues esta atrapa mucho más calor del Sol, debido a que está compuesta principalmente por gases de efecto invernadero, como el dióxido de carbono.

Este planeta además posee el día más largo del sistema solar: 243 días terrestres, y su movimiento es dextrógiro, es decir, gira en el sentido de las manecillas del reloj, contrario al movimiento de los otros planetas.

La **Tierra** (del latín Terra,17 deidad romana equivalente a Gea, diosa griega de la feminidad y la fecundidad) es el tercer planeta del sistema solar que gira alrededor de su estrella —el Sol— en la tercera órbita más interna. Es el más denso y el quinto mayor de los ocho planetas del sistema solar. También es el mayor de los cuatro terrestres o rocosos.

Marte es el cuarto planeta del sistema solar en orden de distancia al Sol. Llamado así por el dios de la guerra de la mitología romana Marte, recibe a veces el apodo de planeta rojo debido a la apariencia rojiza que le confiere el óxido de hierro que domina su superficie. Tiene una atmósfera delgada, formada por dióxido de carbono, y dos satélites: Fobos y Deimos. Forma parte de los llamados planetas telúricos (de naturaleza rocosa, como la Tierra) y es el planeta interior más alejado del Sol. Es, en muchos aspectos, el más parecido a la Tierra.

Júpiter es el quinto planeta del sistema solar. Forma parte de los denominados planetas exteriores o gaseosos. Recibe su nombre del dios romano Júpiter (Zeus en la mitología griega).

Se trata del planeta que ofrece un mayor brillo a lo largo del año dependiendo de su fase. Es, además, después del Sol, el mayor cuerpo celeste del sistema solar, con una masa casi dos veces y media la de los demás planetas juntos (con una masa 318 veces mayor que la de la Tierra y tres veces mayor que la de Saturno, además de ser en cuanto a volumen, 1317 veces más grande que la Tierra).

Júpiter es un cuerpo masivo gaseoso, formado principalmente por hidrógeno y helio, carente de una superficie interior definida. Entre los detalles atmosféricos destacan la Gran Mancha Roja (un enorme anticiclón situado en las latitudes tropicales del hemisferio sur), la estructura de nubes en bandas oscuras y zonas brillantes, y la dinámica atmosférica global determinada por intensos vientos zonales alternantes en latitud y con velocidades de hasta 140 m/s (504 km/h).

Saturno es el sexto planeta del sistema solar, el segundo en tamaño y masa después de Júpiter y el único con un sistema de anillos visible desde nuestro planeta. Su nombre proviene del dios romano Saturno. Forma parte de los denominados planetas exteriores o gaseosos. El aspecto más característico de Saturno son sus brillantes anillos.

Urano es el séptimo planeta del sistema solar, el tercero de mayor tamaño, y el cuarto más masivo. Se llama así en honor de la divinidad griega del cielo Urano.

Urano es similar en composición a Neptuno, y los dos tienen una composición diferente de los otros dos gigantes gaseosos (Júpiter y Saturno). Por ello, los astrónomos a veces los clasifican en una categoría diferente, los gigantes helados.

La atmósfera de Urano, aunque es similar a la de Júpiter y Saturno por estar compuesta principalmente de hidrógeno y helio, contiene una proporción superior tanto de «hielos»nota 4 como de agua, amoníaco y metano, junto con trazas de hidrocarburos. Posee la atmósfera planetaria más fría del sistema solar, con una temperatura mínima de 49 K (-224 °C).

Asimismo, tiene una estructura de nubes muy compleja, acomodada por niveles, donde se cree que las nubes más bajas están compuestas de agua, y las más altas de metano.

En contraste, el interior de Urano se encuentra compuesto principalmente de hielo y roca.

Como los otros planetas gigantes, Urano tiene un sistema de anillos, una magnetosfera y satélites numerosos.

Neptuno es el octavo planeta en distancia respecto al Sol y el más lejano del sistema solar. Forma parte de los denominados planetas exteriores o gigantes gaseosos, y es el primero que fue descubierto gracias a predicciones matemáticas. Su nombre fue puesto en honor al dios romano del mar —Neptuno—, y es el cuarto planeta en diámetro y el tercero más grande en masa. Su masa es diecisiete veces la de la Tierra y ligeramente más masivo que su planeta «gemelo» Urano, que tiene quince masas terrestres y no es tan denso. En promedio, Neptuno orbita el Sol a una distancia de 30,1 unidades astronómicas (distancia Tierra-Sol).

Tras el descubrimiento de Urano, se observó que las órbitas de Urano, Saturno y Júpiter no se comportaban tal como predecían las leyes de Kepler y de Newton. Adams y Le Verrier, de forma independiente, calcularon la posición de un hipotético planeta, Neptuno, que finalmente fue encontrado por Galle, el 23 de septiembre de 1846, a menos de un grado de la posición calculada por Le Verrier. Más tarde se advirtió que Galileo ya había observado Neptuno en 1612, pero lo había confundido con una estrella.

Neptuno es un planeta dinámico, con manchas que recuerdan las tempestades de Júpiter. La más grande, la Gran Mancha Oscura, tenía un tamaño similar al de la Tierra, pero en 1994 desapareció y se ha formado otra. Los vientos más fuertes de cualquier planeta del sistema solar se encuentran en Neptuno.

Neptuno tiene una composición bastante similar a del planeta Urano, y ambos tienen composiciones que difieren mucho de los demás gigantes gaseosos, Júpiter y Saturno. La atmósfera de Neptuno, como las de Júpiter y de Saturno, se compone principalmente de hidrógeno y helio, junto con vestigios de hidrocarburos y posiblemente nitrógeno. Contiene una mayor proporción de hielos, tales como agua, amoníaco metano.

Los científicos muchas veces categorizan Urano y Neptuno como gigantes helados para enfatizar la distinción entre estos y los gigantes de gas Júpiter y Saturno. El interior de Neptuno, como el de Urano, está compuesto principalmente de hielos y roca. Los rastros de metano en las regiones periféricas exteriores contribuyen para el aspecto azul vívido de este planeta. Neptuno es ligeramente más pequeño que Urano, pero más denso.

¿POR QUÉ SON TODOS LOS MUNDOS REDONDOS?

Es muy cierto que todos los mundos son redondos, o casi redondos al menos, y que, sino lo son enteramente, hay para ello una causa especial. La tierra, por ejemplo, no es completamente redonda, sino un poco más ancha por el ecuador, por la sencilla razón de que su rápido movimiento giratorio alrededor de su eje, hace que se deforme un poco. Hay algo, digno de ser notado en esto de la redondez; porque no sólo son redondos los mundos, sino que las gotas de agua propenden a tomar la forma más redonda posible; y, si se dejan caer desde mas cierta altura gotas de plomo fundido, se obtienen perdigones redondos. La razón es porque en todos estos casos existe una cierta fuerza que pugna por acercar todo lo posible, unas a otras, las diversas moléculas del mundo, y también las de la gota de agua.

Siendo esto así, la forma que el mundo y la gota propenderán a tomar será aquella en que queden dichas moléculas ligadas unas a otras, lo más estrechamente posible; y esta forma es la esférica, o sea la de una bola redonda.

Cuando un número crecido de personas desean contemplar al mismo tiempo un objeto curioso, ¿qué figura formarán en torno de él?. Un círculo, sin duda. El objeto es un centro de atracción; como lo son el centro de la tierra o el del sol, alrededor del cual se agrupan todas las moléculas con la mayor proximidad que cabe, siendo esa la causa de que formen una esfera.

¿CUÁL ES LA NATURALEZA DE LOS ANILLOS DE SATURNO?

He aquí una cuestión que ha interesado profundamente a los astrónomos desde que se inventaron los telescopios, y fueron descubiertos con ellos los anillos de dicho planeta. De éstos unos son oscuros y otros claros, y se nos presentan en el campo del telescopio, como si se hallasen formados por una substancia sólida y sin solución alguna de continuidad, como un anillo de boda.

Un hombre ilustre, muy dado al estudio de la naturaleza, demostró que no podían ser de ninguna materia sólida y continua, porque entonces no hubieran podido formarse, y, caso de ser ello posible, tendrían necesariamente que romperse.

Pero anillos de tanta duración como Saturno debían hallarse formados por gran número de pequeñas partes, como guijarros, por ejemplo; y, tal es, al presente, la mejor respuesta que podíamos dar a esta pregunta.

Sabemos ahora, por las tomas fotográficas de las naves Voyager, que están formados estos anillos por partículas de hielo, que giran constantemente alrededor de Saturno con gran velocidad, pues, de lo contrario, serían atraídos por el planeta en virtud de su gravedad, lo mismo que la luna sería atraída por la tierra y ésta por el sol, si de repente se parasen.

Lo interesante es que en esas misión espacial se descubrieron satélites pastores, uno exterior a los anillos bautizado Pandora y otro externo, otro interno bautizado como Prometeo, que ayudan por su influencia gravitatoria a mantener los anillos cohesionados en torno a una órbita estable.

¿EXISTE ALGUNA VIDA EN SATURNO?

Sabemos que por las condiciones de composición de la atmósfera en donde prevalece el amoníaco, y la falta de agua, hacen sumamente improbable la existencia de vida. Además se han detectado gigantescas tormentas en 2010, similares a las de Júpiter.

Sin embargo los satélites Encélado y Titán son mundos especialmente interesantes para los científicos planetarios, ya que en el primero se deduce la posible existencia de agua líquida a poca profundidad de su superficie a partir de la emisión de vapor de agua en géiseres, y el segundo presenta una atmósfera rica en metano y similar a la de la primitiva Tierra.

Lo que sí podemos asegurar es que, si nos hallásemos en Saturno, el cielo nos parecería muy extraño. El sol, desde luego, lo veríamos mucho más pequeño y menos brillante que desde la tierra, porque Saturno dista mucho más de él que nosotros.

También echaríamos de menos la luna de nuestro cielo, pero

fácilmente nos consolaríamos de tal pérdida, pues en vez de una sola, tendríamos allí, nada menos que nueve lunas, que es el número de los satélites conocidos de Saturno, y aun es posible que posea alguno más.

Pero, por si todavía nos pareciesen pocas, el admirable espectáculo de sus anillos vendría a aumentar los encantos del cielo, contemplado desde dicho planeta. La verdad es, que no podemos ni imaginarnos siquiera lo que sería el cielo de nuestro planeta, si éste tuviese anillos como Saturno, aunque fuese uno solo.

¿CUÁL ES EL ORIGEN DEL MOVIMIENTO DE TRASLACIÓN DE LA TIERRA ALREDEDOR DEL SOL?

Esta pregunta comprende, sin duda, dos. Si damos por sentado que la tierra se mueve, la razón de que se mueva alrededor del sol y no en línea recta, según la primera ley del movimiento, es porque, aun cuando, por decirlo así, propende constantemente a moverse en línea recta, la gravitación del sol la atrae siempre hacia este astro.

Pero la otra pregunta es: ¿cuál es la fuerza que mueve a la tierra?.

No podemos responder que la gravitación solar, porque si la tierra se detuviese en su carrera, el sol la atraería hacia sí, incorporándola a su masa. Otro debe ser el origen del movimiento de la tierra que le fué comunicado al formarse, y que ha conservado en el transcurso de las edades, sin que haya sida alterado en lo más mínimo por el rozamiento, ya que éste no debe existir, supuesto que la tierra se mueve en el éter. En el caso de existir algún rozamiento, la tierra, a la hora presente, se habría retardado más rápidamente en su giro, y formaría parte del sol hace ya mucho tiempo.

Este movimiento original que recibió la tierra, y que conserva aún, debe tener el mismo origen que su movimiento giratorio alrededor de su propio eje, y que el de los otros planetas y el del sol. Sabemos que estos dos movimientos de rotación y traslación, se efectúan en la misma dirección, como los de la luna y los de los satélites de los planetas que los tienen.

Para buscar el origen de este movimiento, debemos retroceder hasta la fuente de todo movimiento y poder, hasta el Autor de todo lo creado. Esto equivale a decir, con diferentes palabras, lo mismo que decían nuestros antepasados, cuando se creía que el sistema solar había sido creado tal como es actualmente, « siendo lanzado cada planeta en su órbita por la mano misma de Dios ». La palabra órbita está tomada directamente del latín, y significa sendero.

UNA CIUDAD DE MARTE SOÑADA POR UN ARTISTA

En el grabado nos muestra el artista las maravillas de una ciudad de Marte, tal como la concibió. Se ven grandiosos canales en todas direcciones, surcados por embarcaciones de los marcianos que se deslizan sobre el agua, y amplios andenes que se supone sirven de acceso para el público que se embarca en los navíos aéreos

SI PUDIÉSEMOS TAPAR EL SOL POR UN MOMENTO ¿CUÁNTO TIEMPO TARDARÍA SU LUZ EN LLEGAR DE NUEVO A LA TIERRA?

La anterior pregunta podría formularse también de esta manera: « ¿Cuánto tiempo emplea la luz en recorrer la distancia que separa a la tierra del sol? » Se trata de un sencillo problema aritmético que puede resolver fácilmente cualquiera que conozca cuál es la velocidad de la luz, y la distancia que del sol separa a nuestro planeta. La velocidad de traslación de la luz por el vacío es bastante conocida, y nunca cambia. Viene a ser de unos 298,000 kilómetros por segundo.

La distancia de la tierra al sol varía algo a causa de la forma elíptica de la órbita de la tierra; pero puede decirse que la media es, en números redondos, de 149 millones de kilómetros.

Si ahora dividimos esta cifra por la otra, nos da de cociente 500, que es el número de segundos que tarda la luz en llegarnos desde el sol. Para que pueda recordarse fácilmente, diremos que la luz emplea poco más de ocho minutos en recorrer la distancia que separa de la tierra al sol.

Si comparamos este tiempo con los cuatro años y medio que emplea en recorrer la distancia que separa a la tierra de la estrella más cercana, podremos formarnos cierta idea de la maravillosa distancia a que el sistema solar se encuentra de sus vecinos más cercanos.

¿POR QUÉ NO ADVERTIMOS EL MOVIMIENTO DE ROTACIÓN DE LA

TIERRA?

La respuesta a esta pregunta es que nosotros caminamos con la tierra, y como nos movemos con la misma velocidad y dirección exactamente, no nos damos cuenta de nada.

Si marchásemos en un tren, y no mirásemos al exterior, y dicho tren se moviese en línea recta, con velocidad constante, y no diese sacudidas, no notaríamos que nos hallábamos en movimiento; pero si de repente aumentase o disminuyese la velocidad, entonces, sí lo advertiríamos.

Así pues, si la tierra comenzase de repente a girar más aprisa, por ejemplo, con tal velocidad, que los días tuviesen seis horas en vez de veinticuatro, notaríamos que nos movíamos porque nuestro cuerpo sentiría la sacudida, como la siente cuando al subir al tranvía arranca éste de improviso haciéndonos caer sobre el vecino.

De todo lo expuesto, sacamos la consecuencia de que el único movimiento que podemos sentir es el relativo, es decir, el de un objeto comparado con otro. Si la tierra o un tren se moviesen con mayor o menor velocidad que nuestro cuerpo, sentiríamos su movimiento.

Si imaginamos nuestro cuerpo moviéndose solo en el espacio, sin estrellas que nos sirviesen de piedras miliarias, no nos daríamos cuenta de este movimiento, porque no vertamos ningún objeto al cual nos acercásemos, o del cual nos alejásemos; ningún punto de referencia.

Si sentimos el movimiento relativo, es precisamente porque podemos compararlo con algo. Comparando el sol y la tierra con otros cuerpos celestes es como advertimos su movimiento.

¿ESTÁN LOS OTROS MUNDOS HABITADOS POR SERES HUMANOS?

He aquí una pregunta importante a la que nadie podrá dar una respuesta satisfactoria, y acerca de la cual se han escrito hasta ahora, y se escribirán en lo sucesivo, muchos y muy abultados volúmenes. Algo, sin embargo, podemos decir acerca de este particular.

Se habla con frecuencia de la posibilidad de que pueda haber seres como nosotros en los otros mundos; pero cuando consideramos de qué maravillosa manera el hombre se halla adaptado a nuestra tierra, a su aire y su agua, y a sus alimentos y climas, adquirimos la seguridad de que sólo podrá haber seres como nosotros en mundos exactamente iguales al nuestro, de cuya existencia no tenemos noticia.

Todos los que conocemos difieren en gran manera de nuestra tierra en todos los puntos más importantes, como la composición del aire, por ejemplo.

El hombre es, pues, hijo de la tierra, de esta tierra especial que habitamos; está exquisitamente conformado para ella, y ella para él, no sólo por el aire, el suelo y los océanos y por el grado de calor, sino también por la clase y el equilibrio, digámoslo así, de los miles de animales y plantas que la habitan con él. Estamos convencidos de que seres como nosotros sólo pueden encontrarse en la tierra, o en algún otro mundo, que nos es desconocido hasta ahora, que sea exactamente igual a ella; y este mundo quizá no exista en ninguna parte.

Es por eso que desde 1990 se ha trabajado intensamente en la detección de planetas que orbitan alrededor de otras estrellas, llamados exoplanetas.

Las condiciones que han de cumplir para ser considerados como tales son las mismas que señala la definición de planeta para el sistema solar, si bien giran en torno a sus respectivas estrellas. Incluyen además una condición más en cuanto al límite superior de su tamaño, que no ha de exceder las 13 masas jovianas y que constituye el umbral de masa que impide la fusión nuclear de deuterio (isótopo del hidrógeno).

Se han detectado hasta la fecha unos 2.550 sistemas planetarios. La clave es encontrar a los que se ubican en la franja denominada "rizitos de oro" es decir a una distancia de la estrella que le permita tener agua líquida, y una atmósfera adecuada en su composición que permita la vida.

¿ES POSIBLE QUE HAYA SERES VIVIENTES EN OTROS MUNDOS?

Esta pregunta no es muy diferente de la anterior, y podemos contestar desde luego que sí, sin temor a equivocarnos. Ante todo, seria cosa extraordinaria que la vida, que es lo más grande que conocemos, y que pulula en la tierra, y en el aire, y en el mar, se encontrase limitada, en este grandioso universo, sólo a nuestro pequeño planeta, y que todos los demás mundos, grandes o pequeños, próximos y remotos, se hallasen muertos, y fuesen sólo un conglomerado de rocas o materia incandescente.

Sabemos, por otra parte, que otros mundos están formados de materias similares a las que constituyen la tierra, y estamos convencidos de que las leyes de la materia y de la química son las mismas en todos los lugares; de suerte que si la vida puede ser mantenida en la tierra, no hay razón para que no lo pueda ser igualmente en otros mundos.

Sabemos, además, que la vida tiene la propiedad de acomodarse a las condiciones que la rodean; y por eso la vemos florecer, en nuestro propio planeta, en los países más fríos y en los más cálidos, en las rocas peladas y en las mayores profundidades del océano.

De suerte, que sería una temeridad afirmar que la vida no hallaría en los otros mundo; condiciones apropiadas para desarrollarse. Por el contrario, tenemos motivos muy poderosos, verdaderas pruebas, para creer que existe la vida en otros mundos; en Marte, por ejemplo.

¿HAY EN MARTE HABITANTES COMO NOSOTROS?

Desde luego podemos contestar que no, toda vez que los astrónomos nos han enseñado que Marte es, por muchos conceptos, distinto de la tierra.

Es más pequeño, de suerte que la gravedad en él es menor; hay en él muy poca agua; su temperatura es muy distinta de la nuestra: probablemente mucho más calurosa de día, y mucho más fría de noche; y su atmósfera es muy tenue. Por estas y otras muchas razones, los seres vivientes que habiten el planeta Marte deben ser enteramente distintos del hombre bajo numerosos aspectos.

Pero, por otra parte, vemos ciertas señales en la superficie de Marte que sólo pueden ser debidas a fajas de vegetación, y se ha probado que existe agua en él, cosa que antes negaban los astrónomos. Marte posee también una atmósfera, aunque sea muy distinta de la nuestra.

Las actuales teorías que predicen las condiciones en las que se puede encontrar vida, exigen la disponibilidad de agua en estado líquido. Es por ello tan importante su búsqueda, todavía no hallada en este planeta. Tan solo se ha podido encontrar agua en estado sólido (hielo), y se especula que bajo tierra pueden darse las condiciones ambientales para que el agua se mantenga en estado líquido. El agua líquida no puede existir sobre la superficie de Marte bajo las condiciones actuales de su atmósfera.

Se sabe ahora que Marte tuvo abundantes cursos de agua, e inclusive un océano tan grande como el océano Atlántico, debido a que contaba con una atmósfera mucho más densa que proporcionaba mayor presión y temperaturas más elevadas.

Al disiparse la mayor parte de esa atmósfera en el espacio, y disminuir así la presión y bajar la temperatura, el agua desapareció de la superficie de Marte. Ahora bien, subsiste en la atmósfera en estado de vapor, aunque en escasas proporciones, así como en los casquetes polares, constituidos por grandes masas de hielos perpetuos.

Pero volviendo a la pregunta original, podemos afirmar que en Marte no existen habitantes como nosotros, así como tampoco los hay en el resto de nuestro sistema solar.

¿PARA QUÉ SIRVEN LOS PLANETAS EN LOS CUALES NO HAY VIDA?

Es indudable que en algunos planetas, no hay vida, que es la cosa más noble y admirable que existe. Pero razones poderosas nos inclinan a creer que habrá de desarrollarse, andando el tiempo, en satélites de Saturno como Encélado y Titán.

A nosotros, los hombres, nos sirven para observar sus movimientos en el cielo, prestando de esta suerte servicios no pequeños a la astronomía y a la navegación, ciencias hermanas. Pero por pequeña que pueda parecernos su utilidad, cuando el Supremo Hacedor los creó, tienen su propósito, cual es entender qué hay que evitar hacer para impedir que, habiendo vida como en nuestro planeta Tierra, la misma pueda desaparecer en el futuro, debido al calentamiento global, tal como acontece en Venus, por ejemplo.

¿HAY AGUA EN ALGÚN SITIO FUERA DE NUESTRO MUNDO?

El oxígeno y el hidrógeno que, cuando están combinados, forman agua, se hallan donde quiera que dirijamos la vista en todo el vasto universo.

En el caso de nuestro propio sistema solar, se puede probar que, donde la temperatura no es muy elevada, allí se combinarán para formar agua, el hidrógeno y el oxígeno, si se encuentran juntos; esto es bien cierto en lo tocante a la tierra, pero, como hemos visto, la temperatura del sol es demasiado elevada, para ser cierto en lo que al sol se refiere.

Tendríamos que esperar a que algunos de los otros planetas, además de la tierra, se enfriasen lo suficiente para dar lugar a la formación del agua; y en el caso del planeta que mejor conocemos, que es Marte, sucede así.

Hemos llegado a saber al cabo de muchos años, que algo que parecía y se comportaba exactamente como el agua, se acumulaba en los dos polos de Marte, Norte y Sur, y formaba casquetes de una cosa que parecía hielo, que aumentaba o disminuía en cada polo, según era invierno o verano en dichos polos.

Vemos también, aunque raras veces, algunas nubes en la atmósfera de Marte.

Sin embargo, algunos han dicho que los casquetes polares de Marte no estaban hechos de agua, sino de ácido carbónico sólido, que tiene el aspecto de la nieve; pero se ha probado últimamente que lo que parece agua en Marte es agua, y con esto queda contestada tan importante pregunta.

¿CUÁNTOS MUNDOS HAY?

Sólo sería posible contestar a esta pregunta si supiésemos que podíamos ver todos los mundos que existen o tener noticias de ellos por otro medio cualquiera. Pero todos los que podemos ver, o descubrir por otros medios distintos de la vista, no son nada comparados con el número real de los que hay.

Fotografiando la luz que de ellos nos llega a través del telescopio, descubrimos centenares de millones de mundos brillantes en el cielo.

Si dispusiésemos de telescopios más potentes, o de placas fotográficas más sensibles, estos medios nos permitirían ver aún más, y cada año se nos revelan otros nuevos. Sin embargo, centenares de millones de estrellas brillantes es una cifra fácil de recordar.

Además, es posible demostrar la existencia de un número mayor de estrellas que han desaparecido, y están en la actualidad oscuras y frías. El número de las estrellas oscuras, cuya existencia es posible demostrar por la influencia que ejercen sobre los movimientos de las brillantes, es muy limitado, y, según todas las probabilidades, la parte brillante de la historia de una estrella debe ser muy corta comparada con la oscura; de suerte que sería necesario añadir probablemente millares de millones de estrellas oscuras al de las brillantes que conocemos.

Sabemos que alrededor de nuestro propio sol circulan muchos grandes planetas y satélites, y centenares de planetas muy pequeños; si en torno de las otras estrellas gira aproximadamente el mismo número, no es necesario decir que el número tremendo de mundos calculado aumentará de una manera prodigiosa.

¿PODREMOS TRASLADARNOS, CON EL TIEMPO, A OTRO PLANETA?

Un hombre de los más ilustres que jamás han existido, dijo que los verdaderos ignorantes eran los que se creían lo suficientemente sabios para afirmar que los hombres nunca podrían hacer o descubrir ésta o aquella cosa; y la historia de los conocimientos humanos le ha dado la razón.

Pero aun sin echar en olvido estas palabras, nos inclinamos a creer que la respuesta a esta pregunta debe ser sumamente cauta. Julio Verne escribió una historia ingeniosa y divertida de unos hombres que fueron lanzados a la luna dentro de un voluminoso proyectil de cañón.

Se espera para el año 2030 poder arribar a Marte con ripulación humana, aunque luego de haber podido superar retos y pruebas importantes, como una colonización previa con robots, para ir sembrando semillas, y probar su eficacia y sustentabilidad en el suelo marciano.

¿PODREMOS ALGUNA VEZ PONERNOS AL HABLA CON OTRO PLANETA?

Esta pregunta difiere de la anterior esencialmente. Ante todo, es preciso dar por sentado que en otro planeta, en Marte, por ejemplo, haya seres dotados de inteligencia, lo cual ya sabemos que no es así.

Claro es que tendrán que empezar por aprender a interpretar lo que les queremos decir; pero esto no supondría una dificultad tan insuperable, como la que la transmisión del sonido representa.

Si hay seres inteligentes en otros mundos no lo sabemos actualmente. Existe un programa sistemático de rastreo de vida inteligente denominado SETI, que es el acrónimo del inglés Search for ExtraTerrestrial Intelligence, o Búsqueda de Inteligencia Extraterrestre.

Para ello se usa la antena del radiotelescopio de Arecibo, Puerto Rico con procesamiento distribuido de las señales que llegan desde el espacio exterior.

El observatorio funciona bajo el nombre de National Astronomy and Ionosphere Center (NAIC) aunque se utilizan oficialmente ambos nombres.

Este radiotelescopio fue el mayor telescopio jamás construido gracias a sus 305 metros de diámetro, hasta la construcción del RATAN-600

(Rusia) con su antena circular de 576 metros de diámetro.

Recolecta datos radioastronómicos, aeronomía terrestre y radar planetarios para los científicos mundiales. Aunque ha sido empleado para diversos usos, principalmente se usa para la observación de objetos estelares.

Su función básica es buscar patrones inteligentes en las señales radioeléctricas que nos llegan, y así poder detectar vida inteligente. Hasta el momento nada se ha descubierto, pese a continuos esfuerzos en ese sentido.

No obstante, las probabilidades de encontrar vida extraterrestre son mu elevadas, y por eso este trabajo continúa actualmente.

¿POR QUÉ NO CHOCAN LOS MUNDOS EN SUS GIROS A TRAVÉS DE LOS ESPACIOS?

Es muy cierto, a juzgar por lo que la apariencia nos enseña, que los mundos no chocan entre sí. No hay noticia de que haya acontecido ningún choque en el sistema planetario desde que los mortales fijaron en él su atención. Hemos descubierto que los cuerpos celestes se mantienen en equilibrio en el espacio en virtud de las leyes de la gravitación universal, obrando de consuno con las del movimiento.

Sin embargo, no cabe duda alguna de que el sistema planetario no fué siempre lo que es hoy, ni de que va cambiando sin cesar, de suerte que las colisiones no son en absoluto imposibles.

En todos los lugares del cielo existen estrellas dobles, las cuales debieron formarse a consecuencia de choques.

Otra cuestión importantísima, cuya explicación es posible que dé la clave de muchos hechos, es lo que ocurre cuando una estrella penetra en una nebulosa, fenómeno que debe repetirse con frecuencia. Recientemente se ha asegurado que estamos en la actualidad viendo ejemplos de nuevas estrellas que se encienden, por decirlo así, en el cielo, después de formarse a consecuencia de ciertas colisiones.

¿CUÁL ES EL ORIGEN DE LOS NOMBRES QUE LLEVAN LOS PLANETAS?

Los nombres de todas las cosas les han sido asignados por los hombres, y a veces también por los niños, quienes han inventado ciertas palabras, como « papá » « mamá » y otras.

Por eso, cuando hablamos del nombre de alguna cosa, nos referimos al que le han asignado los hombres. El nombre no es una parte integrante de la cosa, y lo que nos interesa es que las personas a quienes nos dirigimos, sepan de lo que hablamos. « Una rosa conservará su perfume aunque le demos otro nombre », dijo Shakespeare. Y el sol, aunque lo designemos de otro modo, seguirá siendo el sol y alumbrándonos con su luz como siempre. Y antes de hablar de los planetas, ¿qué diremos del nombre del sol mismo?.

Nosotros lo llamamos Sol, lo mismo que los romanos, y los griegos le decían Helios. Es muy posible que si en Marte hay habitantes le llamen « gato » al sol, y « soles » a los gatos, pues el nombre importa poco para la substancia de la cosa. Un nombre no es más que un rótulo.

Los nombres de casi todos los planetas son muy viejos, y les fueron asignados por razones muy curiosas que conviene conocer. Mercurio se mueve con mucha velocidad, y así debe de ser, porque está tan cerca del sol, que sería atraído por éste si su movimiento fuese más lento, y lleva el mismo nombre que el « mensajero de los dioses », inventado por griegos y romanos, que creían en él.

Venus es un planeta muy hermoso, y lleva el mismo nombre que la diosa de la belleza. Marte, por su color rojizo, que recuerda el de la sangre, ostenta el nombre del dios de la guerra. Júpiter es el mayor de los planetas, y lleva el nombre del padre de los dioses, en quienes crema los antiguos.

Viene después Urano, que ha sido bautizado en los tiempos modernos por seguir la tradición, con el nombre de un dios mitológico. Fué descubierto por el insigne alemán Guillermo Herschell, que vivió en Inglaterra, y quiso llamarle Georgium, en memoria del rey de Inglaterra.

Otros quisieron darle el nombre de su descubridor, lo cual hubiera sido más discreto que asignarle el de un rey que ninguna intervención había tenido en su descubrimiento; pero se convino, por fin, en darle un nombre antiguo, como a los demás planetas.

Por lo que toca a nuestra buena madre la tierra, los antiguos la llamaron Ge; por eso designamos actualmente la ciencia que en su estudio se ocupa, con el nombre de geología; y a lo que llamamos luna nosotros, llamaban ellos Selene. Tenemos en nuestro idioma la palabra lunático, porque, en tiempos de ignorancia, se creía que los hombres perdían la razón por la Influencia maléfica de la luna.

¿EXPERIMENTAN TAMBIÉN CAMBIOS LOS OTROS MUNDOS?

Por nuestros estudios relativos a la superficie terrestre, sabemos que ésta ha experimentado grandes cambios en el transcurso de los siglos. Pero los hombres siempre se han sentido inclinados a creer que los cielos no presentan ninguna alteración, si se exceptúan los cambios de posición de los astros que los pueblan. Sin embargo, el estudio del sol y de los planetas por medio de potentes telescopios, nos enseña que en los otros cuerpos celestes se están realizando de continuo, aunque lentamente, toda suerte de cambios.

Quizás las manchas del sol no señalen ningún cambio, toda vez que se ocultan y reaparecen de un modo alternativo; y nadie puede asegurar que esto constituya una prueba de que el astro expresado experimente de un modo periódico las mismas alteraciones; pero no cabe duda de que, por lo menos en dos planetas, Marte y Júpiter, se suceden transformaciones.

En el gigantesco Júpiter existe un punto notable, la gran mancha roja, que durante los años que hace que se la observa ha cambiado de forma, de tamaño y de color. Son estas alteraciones muchísimo más rápidas que las que se efectúan en la tierra en la época actual; pero la temperatura de la superficie de Júpiter es mucho más elevada que la de la corteza terrestre, la mayor parte de la cual ha adquirido estabilidad y rigidez, en tanto que la de aquel planeta es más fluida, y tan elevada su temperatura, que es hasta probable que posea luz propia.

Por lo que a Marte respecta, presenta alteraciones de carácter más o menos importante. Considerables extensiones de este planeta, que un día debieron ser lechos de océanos, se hallan en la actualidad completamente secas.

¿CÓMO PODEMOS OBSERVAR A LOS PLANETAS QUE NOS RODEAN EN EL SISTEMA SOLAR?

Durante muchos milenios la forma de observación era a través de la observación sin instrumentos de los sabios de esas épocas. A mediados del siglo XVI, el brillante científico italiano Galileo Galilei fabricó el primer telescopio rudimentario, y cien años después otro brillante científico holandés Christiaan Huygens supo pulir con gran precisión las lentes para telescopio, logrando una enorme precisión en las observaciones.

A partir de ese momento el desarrollo de la astronomía observacional ya no se detuvo. En el siglo XX se construyeron los grandes observatorios astronómicos de Monte Wilson y Monte Palomar en los Estados Unidos, y posteriormente en 1990 se puso en órbita el telescopio Hubble, que revolucionó la astronomía y la astrofísica, ya que en este último caso confirmó muchas teorías cosmológicas como el Big Bang, los agujeros negros y los quásares entre otros. En 1977 también se inició una apasionante manera de acercarnos a los planetas con el lanzamiento de naves viajeras, la Voyager I y el Voyager II.

¿QUÉ SON LOS EXOPLANETAS?

Se denomina exoplaneta a un planeta que orbita una estrella diferente al Sol y que, por lo tanto, no pertenece al sistema solar. Los planetas extrasolares se convirtieron en objeto de investigación científica en el siglo XX.

Se necesitó un gran avance en los telescopios tanto en tierra como los que orbitan sobre la Tierra, así como de los sistemas computarizados que interpretan estas señales luminosas, para poder detectarlos

Sabemos que en un futuro lejano no podremos quedarnos en la Tierra, y necesitamos ubicar una segunda Tierra que reúna condiciones similares a la nuestra, tanto en gravedad, velocidad de rotación, presencia de agua líquida y minerales. Es por eso que es una búsqueda esencial, que llevará con seguridad mucho tiempo y esfuerzo.

¿QUÉ SON LOS METEORITOS?

Un meteorito es un meteoroide, o pequeño cuerpo interplanetario o interestelar, que alcanza la superficie de un planeta debido a que no se desintegra por completo en la atmósfera. La luminosidad dejada al desintegrarse se denomina meteoro. El término meteoro proviene del griego meteoron, que significa «fenómeno en el cielo».

Se cree que mayormente se originaron estos pequeños cuerpos en restos de un planeta interior al sistema solar, ubicado entre Marte y Júpiter, que se desintegró, lo que conforma el llamado cinturón interior de asteroides. El mayor asteroide del cinturón interior se

llama Ceres, que tiene el tamaño de un cuarto del de la Tierra.

Hay otro cinturón exterior, más allá del planeta Plutón, llamado cinturón de Kuiper que es un conjunto de cuerpos de cometa que orbitan alrededor del Sol a una distancia de entre 30 y 100 unidad astronómica. Una unidad es la distancia promedio del Sol a la Tierra. Cada unidad astronómica son unos 150 millones de Kilómetros.

Recibe su nombre en honor a Gerard Kuiper, que predijo su existencia en los años 1960, treinta años antes de las primeras observaciones de estos cuerpos. Pertenecen al grupo de los llamados objetos transneptunianos (TNO, Transneptunian Objects).

Los objetos descubiertos hasta ahora poseen tamaños de entre 100 y 1000 kilómetros de diámetro. Se cree que este cinturón es la fuente de los cometas de corto periodo. El primero de estos objetos fue descubierto en 1992 por un equipo de la Universidad de Hawái.

El mayor cuerpo descubierto de este cinturón se denomina Eris, que tiene un tamaño ligeramente inferior al de Plutón. Ambos son considerados planetas enanos, al igual que Ceres.

Se cree que con estos cuerpos celestes vino la vida a la Tierra.

ACERCA DEL AUTOR

Pedro Daniel Corrado nació el 9 de Mayo de 1961 en el distrito federal Buenos Aires, Argentina. Estudió en instituciones educativas salesianas, y se graduó en 1979 en el colegio Pio IX.

Posteriormente recibió el título de Ingeniero en Electrónica en el Instituto Tecnológico de Buenos Aires con diploma de honor en Julio de 1987.

Fundó una empresa de Tecnología en Información en 1991 llamada PATH Sociedad Anónima.

Desde el año 1998 trabaja con la tecnología de bases de datos Oracle, y sigue con gran dedicación la evolución del lenguaje Java, así como todo lo relacionado con los formatos de almacenamiento de información XML, y gestión de documentos con los productos Oracle Content Management.

www.ingramcontent.com/pod-product-compliance
Lightning Source LLC
Chambersburg PA
CBHW070329190526
45169CB00005B/1806